价格波动背景下生猪养殖户生产与销售决策行为研究

李文瑛 著

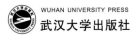

WUHAN UNIVERSITY PRESS
武汉大学出版社

图书在版编目(CIP)数据

价格波动背景下生猪养殖户生产与销售决策行为研究/李文瑛著. —武汉：武汉大学出版社,2023.4
ISBN 978-7-307-23587-8

Ⅰ.价…　Ⅱ.李…　Ⅲ.养猪学—研究　Ⅳ.S828

中国国家版本馆 CIP 数据核字(2023)第 019663 号

责任编辑:李　琼　　责任校对:汪欣怡　　版式设计:马　佳

出版发行:**武汉大学出版社**　(430072　武昌　珞珈山)
　　　　　(电子邮箱:cbs22@whu.edu.cn　网址:www.wdp.com.cn)
印刷:武汉邮科印务有限公司
开本:720×1000　1/16　印张:14.75　字数:219 千字　插页:1
版次:2023 年 4 月第 1 版　　2023 年 4 月第 1 次印刷
ISBN 978-7-307-23587-8　　定价:52.00 元

目　录

图 目 录

表 目 录

第1章 导 论

1.1 研究背景

生猪养殖业是基础产业，猪肉是重要的"菜篮子"产品。中国是驯化和饲养生猪最早的国家，有数千年的养猪历史，中国人有养猪的传统习惯（张仲葛，1976；张仲葛，1993）。在中华人民共和国成立初期，养猪是农户及国家的头等大事，它不仅解决了全国人民的吃肉问题，猪粪更是种地不可或缺的肥料，所以猪是公认的"六畜之首"。关于猪的谚语较多，有"猪是家中宝，致富离不了""人养猪，猪养田，田养人"等，养猪和种粮同等重要。农民黄新文是中华人民共和国的首个"万元户"，1978年他收入达到一万元人民币，就是靠养猪致富。1979年2月19日，《人民日报》发表了《靠辛勤劳动过上富裕生活》的文章，讲述了他靠养猪致富的故事。

改革开放以来，我国生猪生产快速发展，取得了很大成就。我国是生猪产量和猪肉消费的第一大国，"猪粮安天下"充分说明生猪稳产保供的战略意义，事关国计民生、农业发展。猪肉是人们蛋白质、矿物质以及维生素（B族）的主要肉食来源，猪肉消费量占肉类总消费量的比重一直高达60%左右。我国生猪养殖业有主产品及副产品，其总产值占畜牧业总产值的比重一直较高，达40%左右，生猪供给总量和猪肉消费需求总量决定了生猪养殖业在畜牧业中的主导地位。2020年9月，农业农村部在关于人大代表建议的回复中明确表示：将生猪生产纳入国家安全战略。这是国家继粮食安全之后提出的又一与农产品有关的重大战略，并加大全国宏观统筹管理的力度。生猪价格波动是全球普遍存在的经济现象，但我国生猪价格波动频繁，波幅大(朱增勇，2021)。"猪贱伤农"，生猪价格的异常波动影响生猪产业持续、稳定发展。

1.1.1　生猪价格波动的周期性

生猪价格波动呈现明显的周期性。1985 年以前我国对生猪生产、流通采取计划管理体制，行政调控生猪市场供给和需求，生猪价格与猪肉价格较为平稳。1985 年以后国家改革了生猪和猪肉管理体制，开始确立市场供求关系决定生猪价格与猪肉价格的机制，政府仅规定生猪指导价格水平。自 1994 年以来，生猪价格先后经历 9 个波动周期性，其中第 9 个周期还未完成。2006 年之前生猪价格虽有波动，但整体来看波幅不大，2004 年价格上涨后很快回落。2006 年生猪蓝耳病爆发，众多生猪养殖户由于亏损严重选择退出生猪养殖业，导致生猪存栏量大量减少，市场供给不足，生猪价格急剧上涨，在 2008 年 4 月生猪价格达到价格周期的最高值。生猪价格波动周期长度由第 1 周期的 24 个月延长到第 8 周期的 48 个月；价格波动幅度由第 1 周期的 2.82 元/kg 增加到第 8 周期的 31.21 元/kg，中国生猪价格波动呈现出波动周期越来越长、波动幅度越来越大的特征。2012 年 6 月至 2014 年 5 月生猪价格表现出"M"形波动。2016 年玉米价格下跌，而生猪价格上涨，生猪养殖利润不断攀升，刺激生猪产能急剧增加，生猪供给远超市场需求，生猪价格自 2017 年上半年开始回落，一直持续到 2018 年 4 月。

在非洲猪瘟疫情、环保政策约束等影响下，生猪价格超常波动，生猪产业面临巨大挑战。中国生猪产业的生产、猪肉贸易、肉类产品消费结构、生猪全产业链商品及猪肉替代品价格周期等发生深刻变革(朱增勇等，2019)。2018 年 8 月 3 日，我国沈阳市首次确诊非洲猪瘟，仅时隔 10 天传染至中原地区。2019 年我国生猪产能出现了断崖式下滑，2019 年 10 月底，生猪全国平均价格高达 40.98 元/kg，这是有史以来我国生猪价格的最高位。非洲猪瘟的蔓延及爆发，养殖户损失惨重，生猪产能大幅降低，价格快速上涨，并向上下游传递，对猪肉、仔猪及饲料的价格均产生巨大影响。生猪产业链受到严重的负向冲击,在生猪产业链的各环节冲击程度存在时滞不同,不同的省份之间也存在明显的异质性。自 2018 年 5 月至 2021 年 3 月生猪价格始终处于震荡上涨之中。生猪价格过高时,对生猪养殖主体的顺周期调控政策刺激了生猪产能的急剧增长,生猪供过于求,引发新一轮生猪价格暴跌(朱增勇,2021)。

生猪价格波动遵循价值规律。马克思价格理论认为商品的价格以价值为基准而发生波动。价格波动可以理解为一段时期内价格以一定的均衡值为基础上下浮动。生猪的价格也就是出栏商品猪的价格,由于生猪供求关系和其他不确定性因素的影响,生猪价格具有不确定性,生猪价格围绕其均衡值上下波动。2021 年第二季度起,生猪价格低迷,养殖成本高企,养殖户亏损。我国生猪养殖盈亏平衡点的猪粮比为 6∶1,因饲料价格上涨,补栏成本高昂,引致养殖成本大幅上升。伴随着此轮超级猪周期,仔猪价格也在不断攀升,2020 年 4 月中旬,全国集贸市场仔猪平均价格 134 元/kg 左右,2020 年 2 月底至 2020 年 9 月底,仔猪价格均在 100 元/kg 以上,导致后期养殖成本高企。2021 年 6 月底猪粮比跌到 8∶1,猪粮比虽然在绿色区域,但生猪养殖场户已经亏损。环保政策叠加非洲猪瘟,猪粮比失常,从 2019 年 10 月中下旬最高点 20.1∶1 回落至 2021 年 6 月底的 8.4∶1。猪群复产,生猪产能快速上升,随之新一轮"猪周期"低谷到来。2021 年 6 月底,这批出栏生猪养殖成本高昂,专业育肥户外购仔猪或小体重标猪(二次育肥),仔猪、饲料投入大,全国生猪平均价格跌至 12.50 元/kg,如此低的生猪销售价格造成养殖户一头生猪亏损千元以上。

生猪价格波动剧烈,波动现象频发。一方面"肉贵伤民"并波及替代品价格及 CPI 指数,另一方面"猪贱伤农(养殖户)"。这些经济现象的发生不仅导致我国整体物价水平的不稳定性增加,更严重影响了生猪产业持续、平稳发展。

1.1.2 生猪供给的不稳定性

生猪供给关系国计民生,受多种因素影响。生猪价格、相关政策、不

3

可抗力、各种疫病等因素对生猪存栏量、出栏量影响很大，导致生猪供给波动。2018 年非洲猪瘟疫情发生，与此前爆发的口蹄疫、禽流感、蓝耳病等不同，非洲猪瘟传染速度快、死亡率高，对生猪产业冲击非常大、影响程度更深远，目前仍没有特效药及疫苗，给国民经济健康发展及城乡居民生产生活带来了一定程度的负面影响。随着疫情不可控的因素越来越多，疫情很可能常态化，对其造成的影响不可能在较短的时间内消除。非洲猪瘟、腹泻、猪肺疫病等疾病冲击对生猪价格波动存在显著的时变影响，各级政府虽然采取防控措施，但仍存在防控难点，冲击影响持续时间长(李鹏程和王明利，2020；聂赟彬等，2020)。由于生猪产能大幅下滑，为弥补供需缺口，国家增加猪肉进口来源国达 20 个，自 2020 年 1 月 1 日起猪肉进口关税暂时由 12% 降为 8%。

出栏量与生猪价格之间具有动态变化关系。出栏量是"猪周期"形成的主要因素，它们之间虽有时滞，但波动周期基本一致。"猪周期"一定程度上阻碍生猪产业发展，在每次猪周期谷底，生猪价格均会在成本线以下运行一段时间。2021 年 7 月 7 日，商务部、财政部等多部委联合启动中央储备冻猪肉收储工作，7 月 14 日和 7 月 21 日又竞价收储两批猪肉，以提振生猪养殖场户信心。因无需求支撑，生猪再陷低价期。生猪养殖业存在明显的"发散式蛛网"现象，生猪价格涨跌幅度之大，引发生猪养殖主体改变养殖决策，调整生猪养殖规模，导致生猪产量处于"生产过剩"和"生产短缺"的动态波动之中(廖翼和周发明，2013)。

环保法规及畜禽养殖条例的实施影响生猪生产。2014 年国家发布《中华人民共和国环境保护法》《畜禽规模养殖污染防治条例》和《"十三五"生态环境保护规划》，严格规定生猪养殖业污染防治。2017 年关于生猪养殖污染治理的国家及部委级法律法规高达 100 余条(王善高和田旭，2022)，由于处理生猪养殖粪便、污水成本高，治理污染难度大，大量的散养户和小规模养殖户无法满足严格的环保规定而退出生猪养殖业，引起生猪供给大幅减少，生猪价格持续上涨两年。

满足居民猪肉需求，生猪供给稳定是关键。伴随着国民经济持续、健康、平稳发展，城镇化进程的加快与乡村振兴战略的实施，城乡居民收入逐步增加，以及人口数量的不断增长，猪肉消费将会有不断增长的趋势。替代品价格、居民人均收入水平、城市化水平、人口总规模是影响猪肉市场需求的重要因素(谷政和赵慧敏，2018)。近几年，人均猪肉消费有下降趋势，但总体需求量仍较高。我国生猪生产以散养、小规模养殖为主，与发达国家规模养殖有很大的差距，生猪生产方式相对落后，生产水平、生产效率与利润率低，而养殖成本高。随着我国市场经济的发展，生猪产业内部以及生猪产业与其他行业的联系越来越密切，影响生猪产业发展的因素更加复杂，非洲猪瘟、猪肉进口贸易、自然灾害频发、环境保护压力的增大、土地资源约束、人工费用的上升、饲养生猪的物质成本提高以及养殖资金短缺等诸多因素制约我国生猪产业的长期持续发展。此外，我国生猪养殖的社会化服务组织还不发达，整个生猪养殖业的组织化程度还相对较低，养殖主体市场竞争力不强，生猪市场建设仍不完善，生猪产业预警体系与支持保障体系还不够健全，整个生猪养殖业抵御市场风险、疫病风险等各种风险的能力弱，这些问题会造成生猪供给出现波动。

1.1.3 生猪产业政策效果

生猪产业发展问题引起党中央、国务院的高度重视，农业农村部、财政部等相关部门出台一揽子扶持政策。2004—2016年(除2011年)中央一号文件中，针对生猪养殖规模及价格波动问题，先后提出全面落实生猪生产的各项扶持政策、健全生猪政策性保险制度及生猪市场价格调控预案、完善生猪市场价格调控体系等意见，做大做强畜牧业(李文瑛和肖小勇，2017)。2017—2019年中央一号文件强调发展绿色生态健康养殖业，稳定生猪生产，推进规模高效养殖，优化生猪养殖空间布局。2017年，国家划定河南、河北等7省为生猪重点发展区。2020—2022年中央一号文件先后提出确保生猪产业安全和平稳发展、做好猪肉保供稳价工作、保护生猪基础产能、防止生产大起大落等意见。生猪价格周期性波动不但影响了生产者和消费者的利益，还对国民经济的稳定发展带来负面影响，增大了国家宏观调控的压力。

为稳定生猪市场供给，国家先后出台多项政策。在 2007—2008 年国家先后发布一系列推动生猪产业发展、提高养殖技术的政策，涉及生猪标准化养殖、能繁母猪补贴与保险、生猪优良品种研发培育补贴、生猪调出大县奖励和猪肉储备等。在这些生猪产业扶持政策的推动下，能繁母猪存栏量不断增加，生猪产能得到较快恢复，生猪存栏量大幅度增加，导致后期猪价大幅度回落。政府相关六个部门于 2009 年 1 月发布《防止生猪价格过度下跌调控预案（暂行）》，通过建立生猪价格预警机制、调节猪肉进出口量以及完善冻肉储备和政府补贴等政策措施，以稳定生猪生产，而后生猪价格出现小幅上涨。2010—2011 年先后爆发口蹄疫、蓝耳病、仔猪流行性腹泻，整个生猪养殖业损失较大。为减少亏损，许多养殖户停止养猪，生猪生产面临巨大困境，能繁母猪存栏量与生猪存栏量大幅度减少，导致 2010 年下半年开始的生猪价格上涨，一直持续到 2011 年。2011 年 7 月国务院办公厅紧急下发《关于促进生猪生产平稳健康持续发展防止市场供应和价格大幅波动的通知》，强调建立长期高效机制，防止生猪价格大幅涨跌。2012 年 5 月 11 日国家发展改革委、财政部、农业部、商务部、工商总局、质检总局发布《缓解生猪市场价格周期性波动调控预案》，设立具体调控目标；主要目标是猪粮比价控制在 6∶1~8.5∶1，辅助目标是能繁母猪月存栏量同比变化率控制在-5%~5%。依据市场猪粮比价的变化，采取发布预警信息、储备吞吐、调整政府补贴、进出口调节等措施。

为降低非洲猪瘟及新冠疫情对生猪生产和供给的影响，国家出台应急预案。国家发改委于 2019 年 3 月发布《应对非洲猪瘟疫情影响做好生猪市场保供稳价工作的方案》，在稳定生猪生产、促进市场流通、加强储备调节等方面提出了具体措施。2019 年 9 月 6 日，国务院办公厅印发《关于稳定生猪生产促进转型升级的意见》，在金融政策支持、保障生猪养殖用地、加强非洲猪瘟防控等方面加大对生猪养殖业的支持力度。由于非洲猪瘟疫情影响之大，至今还没有从根本上解决非洲猪瘟的可行措施，这些扶持政策效果并不理想。非洲猪瘟叠加新冠疫情，导致针对外部冲击的相关政策调控作用不能得到很好的发挥，没有达到预期效果。

生猪生产调控政策作用的发挥存在时滞。由于调控政策制定及发挥作用的滞后性，生猪的生产和价格波动并没有得到有效缓解，反而造成生猪价格波动周期逐渐延长、波动幅度逐渐加大。在制定和施行生猪产业链相关扶持政策时，应全面、充分地考虑经济政策的稳定性，政策变化是否对生猪产业链健康稳定发展造成影响及其影响程度，确保政策的稳定性、连续性及时效性，以保障生猪全产业链商品供给波动在安全线内(郭婧驰和张明源，2021)。生猪生产与价格的稳定是政策调控目标，但调控效果不及预期。

政策效果通过养殖主体的生产决策行为实现。众多养殖户微观市场行为的共同作用导致生猪宏观市场风险的产生，生猪养殖户面临的市场风险主要是生猪价格波动、仔猪价格波动、猪饲料价格波动等所产生的风险。虽然生猪、仔猪、猪饲料的交易是微观市场行为，但是生猪、仔猪、猪饲料的价格波动风险是由宏观市场决定，宏观市场的供求关系是否协调、市场竞争是否有序、市场结构是否合理以及市场开放程度如何等诸多影响因素决定了宏观市场风险的大小(赵守军，2013)。

基于以上背景分析，以河南省生猪养殖户为研究对象，深入探究养殖户的生产与销售决策行为尤为必要。河南是生猪养殖和调出大省，常年生猪饲养量大约占到全国总饲养量的1/10，是重要的生猪生产、猪肉加工基地。2019—2021年年末存栏量及2021年生猪外调量均位居全国第一，2013—2018年生猪年出栏量位居全国第二，2019—2021年生猪年出栏量位居全国第三。河南省生猪价格对我国生猪价格形成具有重要的市场导向作用，本研究调查对象为河南省生猪养殖户，具有代表性和可获得性。

1.2　研究目的与意义

1.2.1　研究目的

21世纪以来，生猪价格波动频繁，对生猪生产和供给造成冲击，生猪养殖户的收益不稳定。猪肉是现行 CPI 篮子的重要构成，其价格波动影响社会物价的整体稳定性，不利于生猪产业乃至整体国民经济持续健康发展。本书以河南省生猪养殖户为研究对象，分析生猪价格波动背景下养殖户决策行为机理、生产意愿、生产与销售决策行为的相机选择，探究生猪养殖户生产与销售决策行为的影响因素，为生猪养殖户决策行为优化提出对策建议，以促进生猪产业健康持续稳定发展。

（1）分析养殖户面临的环境约束，探究养殖户的决策行为特征。

（2）根据计划行为理论，构建结构方程模型，基于调研数据，分析养殖户的行为态度、主观规范、知觉行为控制对养殖意愿形成的影响。

（3）基于调查数据与二元 Logit 模型，探究养殖户预期生猪价格波动情境下生产决策行为影响因素。探究养殖户预期生猪价格上涨和下跌情景下调整养殖量决策与个体特征、家庭特征、风险认知、市场信息、外部环境的相关性及相关程度。

（4）利用调研数据和有序 Logit 模型，研究预期价格上涨和下跌情境下生猪养殖户销售决策行为影响因素。生猪销售是养殖户收回投资、实现收益的关键环节，销售决策行为受多种因素影响。实证分析养殖户销售决策行为与个体特征、家庭特征、风险认知、社会关系、市场信息五个方面的相关性及相关程度。

（5）基于供应链视角，从生猪养殖户、生猪收购商、生猪屠宰企业、猪肉零售商等四个方面对生猪供应链各主要利益主体进行经济学分析，并探讨生猪养殖户收益差异的形成和各主体利益分配的变动。

1.2.2 研究意义

（1）理论意义

本书结合既有的文献和研究成果，研究价格波动背景下养殖户的生产和销售决策行为，丰富发展了猪肉经济学，为系统研究生猪产业发展提供了新的研究视角和研究思路。首先，本研究基于计划行为理论、前景理论、供应链利益分配理论等，从中小规模生猪养殖户的环境约束入手，在微观层面揭示生猪养殖户决策行为特征及形成机理，并分析生猪养殖户的生产意愿、生产与销售决策行为选择，论证预期价格上涨或下跌情景下生猪养殖户决策行为选择的影响因素及影响程度。其次，基于供应链视角，分析自繁自养和专业育肥两种养殖模式下养殖户收益变动情况。本研究为稳定生猪生产、增加养殖户收入、实现生猪市场供给与需求平衡、保障国家生猪产业安全等方面提供理论支撑，具有一定的学术价值。

（2）实践意义

在国家大力推动生猪产业集约化、规模化，积极培育标准化生猪养殖场户、新型生态（有机）家庭养殖场、生猪养殖合作社和一体化生猪养殖公司的时代背景下，首先，系统分析中小规模生猪养殖户面临的各种环境约束，有利于厘清影响生猪供给波动的根本因素，进一步明确我国生猪产业持续、稳定发展过程中存在的主要障碍及关键问题。其次，通过对中小规模生猪养殖户决策行为的研究，分析其生产意愿、生产与销售决策行为及影响因素，为政府制定生猪调控政策提供有益参考，增强政策的实效性和针对性，进而降低生猪养殖成本、提高生猪生产效率、保障养殖户利益，促进生猪产业及全产业链持续稳定发展，实现产业结构与技术水平升级、猪肉保供战略目标。

1.3 研究思路与研究内容

1.3.1 研究思路

本研究按照"提出问题—分析问题—解决问题"的总体框架，以"理论分析—数据获取—现状分析—实证研究—结论建议"的思路，对价格波动背景下生猪养殖户决策行为进行较为深入的探究，以期获得基于理论与实证分析的结论，为改善和优化生猪养殖户决策行为提出具体政策建议。本书具体思路如下：首先，综述本书的研究背景，梳理生猪价格波动、养殖户生猪生产意愿、生产决策行为、销售决策行为以及行为绩效的相关研究文献和理论基础。其次，从生猪产业发展层面厘清市场竞争激烈、生产空间缩小、养殖风险高、产业政策不稳定等环境约束，并剖析养殖户决策行为特征。再次，运用计划行为理论分析生猪价格上涨期和下跌期养殖户生产意愿，梳理影响养殖户生产意愿的多种因素。基于前景理论实证分析预期生猪价格上涨和下跌时养殖户生产与销售决策行为选择。基于成本收益理论和供应链视角，对生猪价格高峰期和低谷期养殖户行为绩效进行分析，比较自繁自养和专业育肥两种养殖模式下生猪养殖户、生猪收购商、生猪屠宰企业、猪肉零售商四个利益主体的收益情况。最后根据理论和实证研究结论，提出我国稳定生猪生产的具体对策建议。

本研究技术路线图，如图1-1所示。

1.3.2 研究内容

本部分首先通过梳理研究背景，进而提出本书研究的问题，即生猪价格波动背景下养殖户生产与销售决策行为研究。为较好地完成这一问题研究，首先对与本书有关的概念进行解释，对本书需要运用的理论进行规范说明。其次，综述相关的研究文献，归纳学术观点，为后续研究提供参考与借鉴。数据来源于统计资料及河南省养殖户调研数据。

研究内容一：生猪产业发展中的养殖户处境及决策行为特征。分析生猪产业发展状况、养殖户面临的环境约束及决策行为特征。具体而言，首先利用宏观数据分析我国生猪生产和猪肉消费、进口情况，探讨2006—2021年生猪价格波动的特征。其次，识别生猪养殖户面临的多元环境约束，其是影响养殖户决策行为的关键外部因素。最后，基于环境约束，剖析生猪养殖户的决策行为特征。

研究内容二：价格波动背景下生猪养殖户生产意愿。基于计划行为理论，分析生猪养殖户生产意愿形成机理，利用调研数据和结构方程模型，实证评估生产意愿的形成路径以及主要影响因素。

研究内容三：价格波动背景下生猪养殖户生产决策行为。运用行为经济学的前景理论、调研数据和二元Logit模型，重点分析生猪市场价格波动

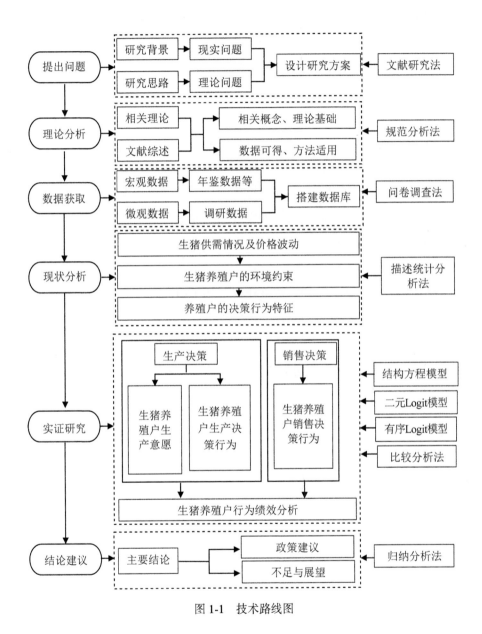

图 1-1 技术路线图

背景下养殖户生产决策行为选择，从微观层面探讨养殖户决策行为机理及影响因素。

研究内容四：价格波动背景下生猪养殖户销售决策行为。剖析养殖户的生猪销售决策行为，基于前景理论和调研数据，运用有序 Logit 模型揭示养殖户销售决策行为的影响因素及影响程度。

研究内容五：基于供应链视角，追踪调查价格波动背景下生猪养殖户行为绩效。具体来说，由生猪到生鲜猪肉经历生产、收购、屠宰加工和零售等几大环节，这几个环节的主体分别是养殖场户、生猪收购商、屠宰企业、猪肉零售商。生猪供应链各环节不同的市场地位，决定其在交易中信息掌握、行情预测及议价权不同，导致市场失灵现象的发生，造成上游仔猪、饲料供应商及下游收购商对供应链底端养殖环节的风险转嫁。通过理论与调研数据分析生猪价格波动对供应链收益分配的影响以及生猪供应链增值机理。

研究内容六：研究结论与政策建议。基于前面各章节分析，归纳总结本书的研究结论，提出我国稳定生猪生产的对策建议。

1.4 研究方法与数据来源

1.4.1 研究方法

为完成本书的研究目标，本书采取文献分析法、田野调研法、计量分析法等研究方法，研究生猪价格波动背景下养殖户生产与销售决策行为。具体研究方法如下：

（1）文献分析法

本书通过对国内外相关研究成果进行系统分析与跟踪，以便能正确地了解研究的最新进展，并在充分利用现有研究成果的基础上确立本书的始点和重点。搜集、鉴别、整理文献，并通过对文献的研究，形成对事实、理论科学认识的方法。通过相关官方网站及数据库搜集国内外有关生猪价格波动、生产意愿与生产决策行为、销售决策行为、行为绩效、生猪价格波动调控策略等研究文献以及生猪、猪肉方面的数据资料，深入了解目前养殖户决策行为的研究现状及成果。

（2）田野调研法

为准确了解生猪价格波动背景下生猪养殖户的决策行为选择，本研究需要展开大量的实地调研工作，通过问卷设计和入户访谈对河南省养猪大县的生猪养殖户进行实地调研，获取养殖户的个体特征、家庭特征、生猪生产、养殖收益情况等相关数据，为后续深入研究提供数据支撑。调查前对参加实地调查的所有调查员进行指导培训，学习入户调查的方法，熟悉调查问卷的内容以及调查注意事项，保证调查问卷资料的准确性、有效性。

（3）计量分析法

在实地调研的基础上，整理调查问卷资料，进而运用计量模型包括结构方程模型、二元 Logit 模型以及多元有序 Logit 模型对通过实地调研获得的数据进行实证分析，其中运用结构方程模型实证分析生猪养殖户的养殖意愿及影响因素，运用二元 Logit 模型实证分析养殖户生产决策行为选择及影响因素，运用多元有序 Logit 模型实证分析养殖户销售决策行为选择及影响因素。

1.4.2 数据来源

（1）宏观统计数据

研究所用宏观数据主要有生猪价格、生猪出栏量、城乡居民人均肉类消费量、猪肉进口量等。研究数据主要来源于以下几个方面：一是统计数据及专业性网站。主要从中国政府网、国家统计局、中华人民共和国农业农村部、中华人民共和国海关总署、河南省农业农村厅、联合国粮食及农业组织（FAO）、万得数据库、布瑞克农业数据库、中国养猪网、新牧网、生意社、人大经济论坛等网站获取统计数据资料。二是学术期刊网站。利用中国知网、Google Scholar、国家哲学社会科学学术期刊数据库等搜集与本书研究内容有关的学术期刊论文、学位论文，整理文献资料。

(2)微观调研数据

因河南省养猪历史悠久，生猪产量大，所以选择河南省作为调研区域。河南省是我国生猪养殖大省，在全国生猪生产中位居前列，生猪产量仅次于四川省。自中华人民共和国成立以后，河南省以农村家庭养猪为主，家户养殖数量少，规模化程度较低。自20世纪90年代以来河南省生猪养殖规模化、工厂化进程迅速，生猪产业在乡村振兴战略实施中占有重要地位(张燕媛，2020)。2021年河南省生猪调出量全国第一，2021年年末河南省生猪和能繁母猪存栏量占全国总量的比值接近10%。

①河南省具有悠久的养猪史

据史料记载，商丘子被认为是我国古代养猪专家，著有《养猪法》。在河南省舞阳县贾湖遗址出土的距今9000年的猪骨被证实属于家猪，在河南新郑裴李岗发掘出距今7000年家猪的骨骼。两汉时期养猪业有了更大规模的发展，汉唐时期河南省长垣县常见牧猪的情况。宋元时期，民间养猪业相当兴盛，京师开封为最，同时出现了贩猪、杀猪及卖猪肉的商人，开封有著名的"杀猪巷"。宋代河南已经注重猪种的选择、育肥方法及投食搭配，并以圈豕为业，也有散养方式的存在(张仲葛，1993；张显运，2007)，生猪养殖方面积累一定的养殖经验，养殖技术有所提高。明清时期品种及养猪数量均大幅增加，李时珍在《本草纲目》中记载提到"生豫州者嘴短"，明朝"拱州人多畜猪"(拱州，现名睢县，隶属河南省商丘市)，清朝时期，淅川地区就是生猪调出地，销往湖北(徐旺生，2010)。

自1949年以来我国的生猪产业大致可以分为五个历史发展阶段。1949—1978年是我国生猪产业的曲折发展阶段。河南省在此期间严格遵守和执行国家政策，中华人民共和国成立初期生猪生产快速增长，生猪产业得到恢复。但到1954年猪肉仍供应短缺，全国人均出栏量仅有0.123头(刘清泉和周发明，2012)。为了解决猪肉短缺问题，我国实施"私有、私养、公助"政策(王东阳等，2009)，一定程度上促进了河南生猪产业的发展。1958—1961年，"大跃进"和人民公社化运动影响社员养殖积极性，生猪存栏量下降，再加上三年困难时期，河南省生猪生产遭到了严重破坏。

1961年国家对政策进行调整，之后河南省生猪产业又得到了快速发展。1967—1969年受到"文化大革命"的影响，生猪出栏量大幅下降，生猪生产再次陷入了低谷。

1979—1984年是生猪产业改革发展时期，中国实行家庭联产承包责任制，农户有了生产经营自主权，生产剩余归农户，生产积极性大大提高，河南省生猪产业也得到稳步发展。河南省养殖户在生猪养殖方面加大了投入力度，生猪市场开始在河南省各地建立。1985—1996年是河南省生猪市场快速发展阶段，生猪产业发展势头强劲。由于生猪收购和猪肉价格完全放开，实行市场调节定价，全国生猪产业发展实现历史性突破，相关政策的实施有效提升了河南省生猪交易市场的发展。1997—2006年是产业结构调整阶段，畜牧业从数量型向质量效益型转变(刘清泉，2013)。河南省畜牧业不仅面临着结构性过剩问题，还存在畜牧业产品质量问题。为了解决问题，河南省政府采取了完善生猪产业体系、优化生猪品种、加强防疫服务等一系列措施，以保障生猪产业发展。2006年至今我国生猪产业进入波动发展阶段，生猪生产和价格出现了明显的周期性波动，河南省生猪业供给侧改革面临着新的挑战。政府相继出台多项政策法规，对生猪产业的政策扶持和市场宏观调控力度也在不断加强，有利于河南省生猪养殖业的持续稳定发展(韩志荣和冯亚凡，1992)。

"猪粮安天下，河南贡献大"，河南省的生猪养殖历史对生猪行业发展影响巨大，规模化发展和产业升级是河南生猪养殖发展的方向。1988—1995年，河南省已经利用财政政策扶持生猪产业发展，对生猪养殖行业征收较低的税费并实行生猪在全省范围内自由流通。1992年河南省从农业银行低息贷款扶持规模化养殖，到1997年全省存栏猪已达到2923万头，规模化养猪场(户)达到近12万，养猪生产水平和规模化程度显著提高(邓学法，1999)。目前生猪养殖业是河南省畜牧业的优质产业，生猪养殖辐射带动作用较强，生猪产业及其附加产业发展向好。

②河南省是生猪养殖大省

河南省生猪产值占该省畜牧业总产值的一半以上，生猪产业与种植业并重为河南省支柱产业，是农村经济发展、农民收入增加的重要推动力。
河南省在全国生猪市场上占有举足轻重的地位(李清州等，2013)，其生猪
价格涨跌和规模化程度在省域间产生空间溢出效应，正向影响其他省份生
猪价格和规模化程度进程(王雅鑫，2019；张园园等，2019)。

2006—2021 年河南省生猪生产状况如表 1-1 所示。2006 年河南省猪肉
产量为 584.6 万吨，生猪出栏量为 5957.76 万头，存栏量为 4678.71 万头；

表 1-1　2006—2021 年河南省生猪生产状况

年份	猪肉产量 （万吨）	生猪出栏量 （万头）	生猪存栏量 （万头）
2006	584.6	5957.76	4678.71
2007	542.92	4488.8	4185.53
2008	584.83	4847.9	4462
2009	615.01	5143.62	4528.93
2010	638.37	5390.52	4547.05
2011	406.4	5361.2	4569
2012	432.5	5711.25	4587.28
2013	454.13	5996.87	4426.74
2014	478	6310	4420
2015	467.96	6171.18	4376
2016	450.65	6004.56	4284.1
2017	466.9	6220	4390
2018	479.04	6402.38	4337.15
2019	344.43	4502.38	3170.46
2020	324.8	4352.32	3886.98
2021	426.78	5802	4392.29

数据来源：布瑞克农业数据库、现代畜牧网、河南省统计公报

而 2021 年河南省生猪出栏量为 5802 万头，存栏量为 4392.29 万头，两者均比 2006 年度的相应数值小。从总体上看，从 2006 年至 2021 年河南省猪肉产量、生猪出栏量和生猪存栏量均呈现显著波动。

河南已经发展成为全国重要的生猪产品生产、加工和供应大省。2020 年河南全省畜牧业产值为 2856 亿元，占全省农业总产值的 28.7%。2021 年河南省拥有 58 个生猪调出大县，生猪出栏 5802 万头，2021 年年末生猪存栏量为 4392.29 万头，居全国第一位，全省外调生猪及猪肉折合生猪 2758 万头，同比增长 58.8%，外调量位居全国第一，生猪养殖赋能河南产业发展新动力，为保障全国市场供应作出了河南贡献。河南省畜牧业及其相关产业发展为农业经济发展带来新契机，带动就业人数 1000 多万人，带动农民净增收大约 160 亿元，河南省的生猪产业为打赢脱贫攻坚战和推动乡村振兴作出了重要贡献。

③河南省生猪养殖收益分析

河南省中小规模家庭养殖户居多，作为调研对象具有代表性。依据年生猪出栏量划分养殖规模，年出栏 1~49 头为散养户，年出栏 50~499 头为小规模养殖户，年出栏 500~9999 头为中规模养殖户，年出栏 1 万头以上为大规模养殖场四个类型(郭利京等，2014)。调研对象年出栏量均超过 50 头而不足 1 万头，因此本部分分析小规模和中规模养殖户的收益变化情况。

成本是商品经济的产物，生猪饲养成本关乎生猪养殖业的经济效益，是研究生猪产业发展的重要指标。生猪养殖的总成本比较复杂，可以分为两个部分：物质与服务费、人工成本。物质与服务费又可进一步划分为直接费用和间接费用，其中直接费用主要包括仔猪费、精(粗)饲料费、多维多矿添加剂费、疾病防疫费、燃料动力费等，间接费用主要包括圈舍、饲料加工设备等固定资产折旧费、能繁母猪和育肥猪保险费、生产管理费、财务费用、销售费用等。而人工成本主要指的是家庭用工折价(家庭用工天数和劳动日工价)、雇工费用(雇工天数和雇工工价)，农户家庭散养与小规模养殖户由于其劳动量小的特性，不存在雇工经营。

生猪的产值分为两部分，包括主产品产值和副产品产值。2010 年、

2015 年、2020 年河南省每头生猪养殖收益情况如表 1-2 所示。生猪的养殖
总成本由生产过程中投入的生产成本和土地、设施等固定成本组成，而生
产成本又由物质与服务费用、家庭用工折价、雇佣长短期工人费用组成，
物质与服务费用占总成本的比重较大。净利润是产值合计与总成本的差
值。比较小规模养殖与中规模养殖三年的收益数据，可以发现：从产值合
计看，三年度的数据均反映出中规模的产值合计高于小规模；从主产品价
值看，三年度的数据也反映出中规模的主产品价值高于小规模；从副产品
产值看，小规模与中规模相差不大。从总成本看，2010 年度中规模的总
成本稍高于小规模，但考虑到主产品质量的差异，两者的总成本相差不大，

表 1-2　中小规模户每头生猪养殖收益情况（2010 年、2015 年、2020 年）

项目	单位	2010 年		2015 年		2020 年	
		小规模	中规模	小规模	中规模	小规模	中规模
主产品产量	kg	107.90	109.10	114.07	114.57	126.35	127.27
产值合计	元	1257.53	1294.50	1729.81	1782.40	4055.32	4112.68
主产品产值	元	1248.31	1283.75	1719.01	1771.64	4044.04	4100.99
副产品产值	元	9.22	10.75	10.80	10.76	11.28	11.69
总成本	元	1147.16	1154.55	1653.86	1586.68	2645.55	2583.04
生产成本	元	1144.78	1150.89	1650.36	1583.14	2640.64	2577.03
物质与服务费用	元	1033.23	1046.93	1363.09	1379.20	2383.99	2363.45
人工成本	元	111.55	103.96	287.27	203.94	256.65	213.58
家庭用工折价	元	111.55	29.39	287.27	111.54	256.65	170.11
雇工费用	元	—	74.57	—	92.40	—	43.47
土地成本	元	2.38	3.66	3.50	3.54	4.91	6.01
净利润	元	110.37	139.95	75.95	195.72	1409.77	1529.64
成本利润率	%	9.62	12.12	4.59	12.34	53.29	59.22

数据来源：《全国农产品成本收益资料汇编》（2011 年、2016 年、2021 年）

而 2015 年、2020 年两年度的总成本数据反映出小规模的总成本高于中规模；两者的生产成本差异与总成本差异表现出一致性。在物质与服务费用方面，2010 年、2015 年度小规模的物质与服务费用低于中规模，而 2020 年度的该数值高于中规模。在人工成本方面，中规模的人工成本低于小规模，具有人工成本的优势。在家庭用工折价方面，小规模的数值远高于中规模，这主要因为小规模养殖以农户家庭成员劳动为主，家庭用工折价较高。在雇工费用方面，小规模不存在雇工劳动，没有雇工费用支出。在土地成本方面，小规模由于养殖规模小，土地成本比中规模低。在净利润和成本利润率方面，中规模的数值高于小规模，特别是 2015 年度两者差异较大。总之，中规模养殖相比小规模养殖更经济、效益更好。

本人带领并指导调查员上门入户调查，在养殖户了解问卷调查内容的基础上，由调查员或养殖户现场填写调查问卷，获得调查原始资料。在完成所有入户调查工作后，对问卷进行整理，剔除无效问卷，然后利用 IBM SPSS Amos 22.0、IBM SPSS Statistics 26.0 和 Stata 15 等软件统计调查问卷有效选项的信息，为后续章节的计量分析做好准备。

1.5 研究创新

关于生猪养殖户决策行为的研究文献为本书提供了很好的参考与借鉴，在现有研究基础上，本书从研究内容、研究视角上进行一些新的探索和尝试，主要创新点包括以下三个方面：

第一，本书聚焦于预期价格上涨和下跌情景下探究养殖户决策行为及影响因素，区别于宽泛地在价格波动背景下分析养殖户行为。

第二，系统分析养殖户的生产与销售决策行为，揭示在不同价格波动情景下生产与销售决策的行为差异，实证分析决策行为差异的影响因素和影响程度具有不对称性，并从供应链的视角，基于跟踪调研数据，分析生猪自繁自养和专业育肥两种养殖模式下养殖户的收益变动。

第三，基于生猪价格波动背景，从微观层面剖析养殖户决策行为。关于生猪产业及生产的研究，更多地基于宏观统计数据，利用不同的计量模型，分析生猪价格波动特征、供应链传导等。本研究基于微观数据分析养殖户的决策行为，将社会关系、养殖经历等变量纳入模型，更为深入和直观地剖析价格波动背景下生猪养殖户决策行为机理。

第 2 章　理论基础与分析框架

2.1　主要概念界定

2.1.1　生猪养殖户

我国生猪生产主体包括生猪养殖户、生猪养殖合作社以及生猪养殖公司，本研究关注的生猪生产主体是生猪养殖户。生猪养殖户是以家庭为生产经营单位，从事生猪养殖的微观经济个体，拥有独立的生产决策能力，其饲养的生猪具有明确的市场化特征，养殖户通过出售生猪获取一定的收益。生猪养殖户作为生猪生产个体，依据自身客观实际和外部生猪市场状况自主做出扩大养殖规模或减小养殖规模的决策。依据养猪收入在家庭总收入中占比及年出栏量，生猪养殖户可分为两种类型：第一类是散养户，把生猪养殖作为副业以增加家庭收入或自给自足，年出栏量极小；第二类是规模养殖户，拥有一定占地面积的养猪场，以生猪养殖为主业，养猪收入是其主要经济来源(司瑞石，2020)。从生猪养殖户的整体来看，大多数中小规模养殖户的决策行为表现出较为显著的一致性。生猪市场供给不足引起生猪价格大幅上涨时，生猪养殖户为追求高额的养殖收益大多会扩大生猪存栏量；而生猪市场供大于求引起生猪价格大幅下跌时，生猪养殖户为降低养殖损失会纷纷减少生猪存栏量。生猪养殖户盲目地扩大或减少生猪存栏量致使生猪生产出现较大波动，进而引发生猪价格剧烈波动。本书参照郭利京等(2014)关于养殖户的分类，研究对象明确为中小规模养殖户。生猪养殖是生猪供应链的主要环节，生猪养殖户作为生猪养殖主体参与生猪市场的供给，通过生猪交易与生猪供应链下游环节建立联系。

根据仔猪来源不同，生猪养殖户分为自繁自养户和专业育肥户。生猪饲养模式相应地也分为两种：自繁自养和专业育肥。生猪饲养模式是生猪养殖的关键点，与市场风险有密切的联系，是行业关注的重点。就调研对象来看，自繁自养饲养模式的养殖户所占比例较大。这种模式下，生猪养殖户自己饲养能繁母猪繁育仔猪，再将仔猪育肥出栏(李文瑛和宋长鸣，2017)。养殖户可实现能繁母猪、仔猪和育肥猪之间的饲养效益互补，有利于提高养殖户抵御市场风险能力。当仔猪市场价格上涨时，可以有效规避采购仔猪所带来的价格风险，降低生产成本。养殖户通过引进优良种猪繁育仔猪提高生猪的品质，可以有效提高生猪的市场竞争力。在生猪养殖过程中，疾病预防尤为重要。自繁自养模式下，从母猪繁育到育肥猪出栏一般都在同一饲养地点，免除仔猪运输过程中感染疫病的风险，有利于仔猪的健康生长。但自繁自养模式也存在一定的弊端，主要表现为前期投资成本大、母猪养殖技术要求高、生猪生产周期较长。而专业育肥模式是指采购仔猪，将其育肥出栏，省去繁育猪仔的流程。这种饲养模式的生产与经营方式简单，但存在一定不足。外购仔猪不仅需要支付仔猪费用，还存在仔猪运输过程中感染疫病的风险。随着生猪疫病增多，专业育肥模式的疫病风险加大，仔猪防疫成本增加，降低了养殖户的养殖利润。专业育肥模式适合生猪养殖户快速大规模养殖，但这需要较大的财力支持，具有快进快出生猪市场的特点。

2.1.2　养殖户生产意愿

意愿通常指个人对事物的看法，养殖户生产意愿是养殖户对于生猪生产的个人主观性思维或想法。影响养殖户生产意愿的因素较多，包括生猪疫情、生猪养殖资源条件、养殖户个体特征、生猪价格、生猪养殖扶助政策、环境保护政策、养殖成本、生猪保险政策等，在对养殖户生产意愿影响程度方面，这些因素存在一定差异(刘永轩，2021)。非洲猪瘟疫病发生后，由疫情引发的养殖风险进一步升高。当生猪价格降低（跌破猪粮比三级预警线 6 ∶ 1），养殖成本增加，或二者同时发生时，养殖户养殖利润减少，甚至出现亏损，于是开始主动规避风险，压缩存栏量或产能，扩大生产规模意愿不足。而当生猪市场供应不足、价格持续上涨时，养殖户扩大生猪生产的意愿较高。因此，生猪养殖户的生产意愿是多种影响因素共同作用的结果。

2.1.3　养殖户生产决策行为

生产就是生产者将要素转化为产出的活动，也就是生产者创造物质财富的活动和过程，包括投入和产出。生产者在生产过程使用各种资源要素，包括土地、资金、生产设施、生产技术、人力资源、市场信息等。生产决策行为是生产者为获得一定的经济利益，对生产过程中可支配的各类生产要素投入和产品产出进行抉择与决策的行为（钟甫宁和胡雪梅，2008；周曙东和乔辉，2017）。养殖户行为是养殖户在一定的社会环境、经济环境、政策环境、自然资源等条件下，为了实现生猪生产经营目标，获取生猪生产的经济利益而进行的一系列经济活动，包括养殖户的生猪生产决策行为、农业资源利用行为、消费行为、风险管理行为和生猪养殖技术采纳行为等。养殖户生产决策行为是养殖户行为的重要组成部分，是养殖户为获得一定的养殖收益在生猪生产过程中采取行动前做出的决策。养殖户进行生猪养殖过程中所发生的诸多活动，主要包括养殖决策、饲料采购、仔猪繁育与采购等，其生产决策行为阶段包含养殖决策、养殖管理决策等（宋雨河，2015）。

养殖户生产决策是养殖户为了实现一定的经济利益目标，基于自身的生猪生产实际，依据生猪市场行情和自身养殖经验，对影响经济目标的各种外部因素与内部因素进行分析，进而确定未来的生猪养殖方案。实现预期养殖收益是生猪养殖户生产决策的首要因素。生猪养殖户依据现有的家庭资源禀赋，在综合考虑各种影响生猪养殖因素的基础上，做出扩大现有生猪养殖规模、缩小现有生猪养殖规模、维持现有生猪养殖规模或停止生猪养殖决策。影响养殖户生产决策的各种因素包括生猪养殖户个体特征、生猪生产特征、家庭资源状况、生猪产业政策、生猪价格等（唱晓阳，2019；聂赟彬等，2020）。

2.1.4 养殖户销售决策行为

养殖户的销售决策行为是养殖户为实现生猪商品价值，出售生猪时机与数量的决定行为，具体包括销售时机的确定、销售对象的选择、交易形式的选择、销售数量的多少等。养殖户生猪销售决策行为的影响因素较多，主要包括养殖户家庭特征、收入状况、生产经营条件、社会关系等。养殖户销售生猪的对象一般有生猪收购商、生猪屠宰公司、生猪养殖合作社等，预期生猪价格、付款是否及时、交易是否便捷是其选择销售对象时主要考虑的因素。销售方式主要包括市场交易、口头协议、养殖合作社等。稳定的销售渠道解决了养殖户生猪生产的出口，对养殖户的销售决策产生一定影响。

本研究聚焦的养殖户生产和销售决策行为是指养殖户在资源和环境约束下，为了满足自身需要在生猪生产过程中表现出来的生产意愿、生产规模调整、销售时机确定等决策行为以及行为绩效（曹兰芳，2014；祝士平，2016；高海秀，2020），如图 2-1 所示。

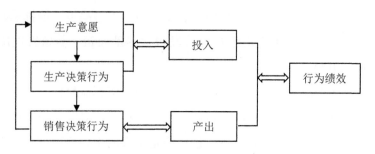

图 2-1 养殖户生产与销售决策行为关系

2.2　理论基础

2.2.1　价格波动理论

价格波动理论认为价格由供求决定,并对供求有反馈作用。因为商品的生产成本和市场供求关系并非固定不变,所以造成了商品的价格经常出现波动。商品价格是能给生产者带来收益的唯一要素,其波动幅度大小直接影响生产者的收益多少。价格波动的程度可以用波动率表示,波动率等于商品的当期价格减去上一期价格的差值再除以上一期价格。波动率数值越大,说明价格波动越剧烈。价格弹性是某种商品价格上涨或下跌引起市场对该商品需求量减少或增加的变化程度,当某种商品价格上涨或者下跌时引起市场需求量减少或增加,说明该商品存在价格弹性,而当某种商品价格波动后市场需求量没有变化,则意味着该商品缺乏弹性。

蛛网模型理论是一种动态分析理论,它利用弹性原理研究某些生产周期较长的产品供给量和价格产生的各种波动。蛛网模型理论包括三个假定条件:一是产品有一定的生产周期,并且在生产周期内生产规模不变;二是产品的价格由本生产周期的产量决定;三是下个生产周期产品的产量由本生产周期产品的价格决定(王方舟,2013)。蛛网模型理论的主要观点是:需求弹性大于供给弹性引起产量和价格的波动减小,需求弹性小于供给弹性引起产量和价格的波动增大。由于生猪的养殖周期相对较长,养殖户根据以前的生猪市场价格做出养殖决策,客观上造成生猪价格波动的蛛网模型现象。

2.2.2　计划行为理论

行为是人为了实现一定目标而采取的一系列行动。计划行为理论(Theory of Planned Behavior, TPB)由美国学者 Icek Ajzen 提出, Icek Ajzen 研究发现人的活动是有计划的行为及反应,并不完全出于自愿,受到资源、机会、个人能力等因素条件的影响。在技术、资金、时间等要素不具备的条件下，即使个人完全自愿也不能将主观意志变为实际行为(周玲强等，2014)。20 世纪 90 年代以来，许多学者将计划行为理论应用到农业经济领域，试图解释农户的农产品供给行为、农户参与专业合作社的组织行为以及消费者的食品支付行为等。

计划行为理论认为：(1)行为意向、资源、个人能力、机会等影响个人行为；(2)如果预测行为发生的可能性，可以直接采用知觉行为控制衡量，知觉行为控制与实际越接近，其预测的结果越准确；(3)行为态度、主观规范和知觉行为控制是影响个体实施某一行为意向的三个因素(段文婷，2008；闫岩，2014)。计划行为理论模型如图 2-2 所示：

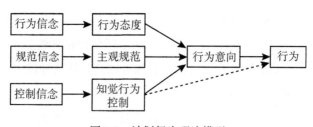

图 2-2　计划行为理论模型

养殖户行为作为人类行为的一部分，具有行为的一般性。由于养殖户从事的生猪养殖业不同于其他行业，因而养殖户行为也具有一定的特殊性。养殖户为了实现某种生产目标，产生一定的行为动机，在行为动机的驱动下采取一定行为活动。由于受到外部环境和内部条件的约束，养殖户的行为并非固定不变，而是依据各种制约因素的变化进行调整，进而实现预定的生产目标。

2.2.3　前景理论

前景理论(Prospect Theory)基于人的有限理性假设提出并得以发展。早期经济学家认为行为人是理性经济人，其决策行为是完全理性的。因此，理性经济人是早期经济学家的一个基本假定。20世纪50年代，西蒙（Herbert Alexander Simon）提出了有限理性的概念；70年代末，卡尼曼（Daniel Kahneman）与特沃斯基（Amos Tversky）基于有限理性假设提出并发展了前景理论，将不确定的未来结果称为前景。西蒙认为，社会生活中的人是理性与非理性的统一体，行为人的非理性真实存在。行为人的认知存在一定的局限，掌握的资源也有限，在各种主客观条件约束下行为人的决策必定不能达到完全理性，当然也不会是完全非理性，而是既有理性的部分，也有非理性的部分，是介于理性与非理性之间过渡地带的有限理性。卡尼曼与特沃斯基认为前景理论被用于描述实际行为，期望效用理论可用于刻画理性行为，两种理论之间并非割裂，而是具有互相补充的关系，共同丰富了行为经济学理论。西蒙和卡尼曼因对决策学的贡献，分别于1978年和2002年获得诺贝尔经济学奖。

前景理论是行为经济学诞生的标志之一，该理论包括四个要素：参考点、非线性选择（决策加权）、边际敏感度递减及损失厌恶。参考点是价值（效用）为零的点，由决策主体主观决定，随环境、信息等的变化而移动（尼克·威尔金森，2015；许志华等，2021）。选择不仅是判断，而且是人们决策的制定，基于风险的决策是在不同前景下的选择过程，这个过程中存在有限理性和直觉推断。"当事人有限理性假定"是行为经济学的基本假设之一，强调当事人认知的局限性（周业安，2004）。个体行为人是有限理性的"管理人"，其行为选择受多种因素影响，即有限理性实现程度受行为人认知能力、环境不确定性和信息不完全性的影响，个体行为人有限理性的存在有其必然性（尼克·威尔金森，2015；何大安，2004；贺京同和那艺，2015），如图2-3所示：

前景代表风险结果，决策人的决策过程是对不同前景的评价进而择优选择的过程。前景理论认为：第一，选择确定的收益。在面对确定收益和风险两项选择时，决策人往往选择前者。第二，反射效应。在确定的损失和风险两者之间做出选择，决策人往往具有赌一把的心态而选择风险。第三，损失规避。若决策人获得收益和遭受的损失相同，收益给决策人带来

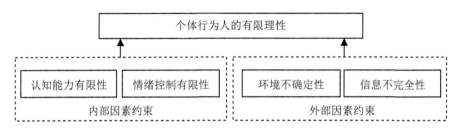

图 2-3　个体行为人有限理性存在的必然性

的快乐明显少于损失给决策人造成的痛苦。第四，非线性决策权重。决策人对低发生概率事件做出过高估计而对高发生概率事件做出过低估计。第五，参照依赖。价值尺度的零点作为参考点，决策人以参考点为基准判断损失还是收益，参照点发生改变，决策人对损失或收益的判断必然改变（朱长宁，2014）。前景理论模型如图 2-4 所示。

图 2-4　前景理论模型

　　前景理论将行为选择模仿为编辑与评估两个阶段，个体行为人选择关注的是价值增量，而不是绝对量。编辑是对前景初步分析后的简单表示，包括编码、组合、分割、占优检测等几个部分，其中编码阶段受决策者自身认知能力、外部环境、市场信息等因素的影响，为行为决策设置的参考点也不相同，经过组合、分割、占优检测等过程，得到损益前景；评估阶段（决策加权）是相对于参考点，选择总价值高的前景。前景理论价值函数反映行为主体关心相对于参考点的损益变化量。行为决策主体处于复杂和动态决策环境中，在不完全信息条件下，只具备有限的认知能力（计算和推理能力），行为偏差内生于决策过程中。在盈利前景与亏损前景都是递减的边际灵敏度，亏损前景边际灵敏度更高，如图 2-5 所示。

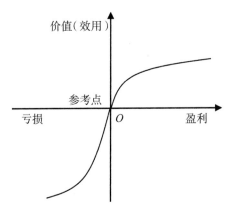

图 2-5　前景理论价值函数曲线

前景理论最有价值的贡献之一是：行为主体做有关收益和损失的决策时，表现出的不对称性。在面临条件相当的盈利前景时，价值曲线是凹的，行为主体倾向于风险厌恶；在面临条件相当的损失前景时，价值曲线是凸的，倾向于风险追逐。基于前景理论评价方法的利用过程中，可以综合运用指标的多维性、信息的异质性以及决策者有限理性等特征（何大安，2005；李清水等，2021）。一定量亏损产生的痛苦与等量盈利带来的快乐不对称，前者对行为主体的影响大于后者（尼克·威尔金森，2015；贺京同和那艺，2015）。

2.2.4　成本收益理论

生产成本是生产者生产某种产品所付出的物质费用以及人工报酬。收益是人们出售产品获得的货币收入减去生产成本的余额，而收入在数值上等于产品价格与其销售数量的乘积。农户的生产成本是农户进行农业生产所消耗的生产要素的价值，收益是农户出售产品获得的收入与生产成本的差值，农户在多种环境约束下选择某种决策行为，主要考虑实施这种决策行为的成本与获得的收益。如农户在决定采用新品种、新技术前，会评估其投入的成本与获得的收益。边际分析法常用来分析农户的成本与收益，进而决定农户是否采用新品种、新技术,而且利润越大,越有助于新品种、新技术推广(朱长宁,2014)。

生猪的养殖成本由仔猪、饲料、人工、防疫、养殖设施折旧等费用以及直接、间接的管理费用组成,生猪养殖收益就是养殖户出售生猪获得的收入减去养殖成本,养殖收益与生猪价格、出栏生猪的数量、出栏生猪的体重以及生猪的养殖成本有关。生猪价格反映生猪市场的供求关系,出栏生猪的数量反映养殖户的生猪养殖规模大小,出栏生猪的体重反映养殖户的养殖生产力水平,生猪的养殖成本反映养殖户的生产管理水平与养殖技术水平,生猪养殖的盈亏平衡点是出栏生猪的价格等于养殖成本。

2.2.5　供应链利益分配理论

供应链是在社会化大生产中,多个市场主体相互合作而形成的链状结构关系。在复杂多变的市场环境中,供应链的各成员按照社会分工各司其职,相互合作,共同参与供应链,以实现自身发展和预期的经济利益。供应链利益分配是将供应链各成员通过向客户提供产品或服务而获得的利益,依据一定的利益分配原则和方法分配给供应链成员(龚莉,2019)。合理的利益分配有助于激发供应链成员的积极性,促进成员合作更加紧密与持久,从而降低供应链运行的成本,提高供应链的整体效率;而不合理的供应链利益分配,将损害部分供应链成员的经济利益,抑制其合作积极性,甚至导致其退出供应链,供应链解体(范豆豆,2019)。因此,合理分配供应链利益关系到供应链的稳定。

供应链利益分配应依据互利共赢、信息公开、公平合理的原则,按照供应链成员贡献大小和所承担的风险向其分配利益。供应链利益分配的模式一般包括三种,分别是固定比例模式、固定利益模式、混合模式。固定比例模式是供应链成员共同签订利益分配协议,并依据约定的利益分配比例取得相应的利益。固定利益模式是供应链核心成员将约定的固定利益支付给其他成员,剩余的供应链利益归核心成员所有。混合模式是供应链核心成员先按照固定利益模式给其他成员分配利益,剩余的供应链利益则按照固定比例模式分配(温雅馨,2021)。

本书研究的生猪供应链主要涉及生猪养殖户、生猪收购商、屠宰加工企业、猪肉零售商等。生猪供应链的所有成员均拥有追求合理利益的权利,并参与供应链利益分配。

2.3 国内外研究进展

2.3.1 生猪市场价格波动研究

自进入 21 世纪以来,我国猪周期频频出现,生猪价格呈现持续波动。生猪价格是反映市场供求关系的敏感信号,生猪养殖户依据生猪市场价格信号,结合自有资源情况,调整生猪养殖规模,引发生猪供给量波动。生猪生产异常波动直接影响市场生猪及猪肉供应,进一步助推生猪及猪肉价格波动,由于波动具有惯性,一定的时间内波动的幅度越来越大。价格波动和生产波动频繁且波动幅度大已成为中国生猪产业健康发展的不安全因素(吕杰和綦颖,2007)。国内外学者针对生猪价格波动的规律进行了深入研究。

(1)生猪价格波动的计量方法

国外学者采用不同的计量方法研究生猪价格波动,如协整检验、非对称误差修正模型(APT-ECM)、贝叶斯自回归趋势平稳模型等。Ruth and Garcia(1998)、Streips(1995)、Disney(1988)运用协整检验研究美国生猪价格波动,发现因生猪养殖者了解的市场信息不充分,造成生猪的生产调整落后于市场信息的变化,生猪养殖者的收益不能达到预期目标,进而调整生猪养殖规模,造成生猪市场供给出现波动,最终引发生猪价格波动。Dorfman and Park(2009)采用贝叶斯自回归趋势平稳模型研究美国生猪价格波动周期,发现1966—2008 年生猪价格波动经历 5 个周期,并且周期长度越来越长。

国内学者采用多种计量方法研究中国的生猪价格波动,如 H-P 滤波法、系统动力学仿真法、PPM 模型、B-N 分解法、X-12 模型、空间杜宾模型、马尔科夫区制转移模型、GARCH 模型、脉冲响应函数、误差修正模型等。张晓东(2013)选择 H-P 滤波法探究生猪及能繁母猪存栏量、出栏量波动情况，分析彼此之间的影响程度及因果关系。田文勇等(2016)运用 H-P 滤波分解方法、脉冲响应函数与误差修正模型分析生猪价格的时间序列，发现生猪价格短期内处于供需不均衡状态。李婷婷和马娟娟(2018)运用 H-P 滤波法以及 X-12 模型，测度了四川省生猪价格波动情况。结果显示生猪供求的季节性变化规律是引起该省生猪价格波动的主要因素。刘烁等(2021)运用 H-P 滤波法、普通面板数据模型和空间杜宾模型研究规模化养殖对生猪价格波动的影响，结果发现规模化养殖对生猪价格波动产生抑制作用，而且伴随生猪疫病指数的增大，该抑制作用表现出边际递减的趋势。胡凯和甘筱青(2010)应用系统动力学仿真法研究猪肉收储、生猪生产延迟和能繁母猪保险对生猪价格波动的作用，发现生猪生产延迟对价格波动影响较大，而猪肉收储和能繁母猪保险不影响生猪价格波动。高群和宋长鸣(2015)运用 PPM 模型考察美国生猪价格突变，发现引起生猪价格突变的因素有供需因素与非供需因素(生产成本、国际贸易、美元指数变动与替代品价格)。还有学者运用三阶段马尔科夫区制转移模型方法对中国生猪价格波动进行研究，结果显示生猪价格波动周期分为上涨阶段、稳定阶段与下跌阶段，不同阶段的方差、区制转移概率差异较大，国内生猪价格波动凸显非对称性；环保政策、生猪疫情、突发自然灾害等外部因素对生猪周期影响较大；由于生猪规模化养殖水平和产业一体化水平均低，造成生猪养殖环节抗风险的能力低(潘方卉等，2016)。罗千峰和张利庠(2018)运用 B-N 分解法研究生猪价格波动，结果显示生猪价格波动与猪肉价格波动表现出高度一致的同向波动，并且外部因素长期影响生猪价格波动。喻龙敏和付莲莲(2022)运用动态多元 GARCH 模型研究国内生猪价格的波动溢出效应，发现国内生猪价格与欧盟生猪价格之间产生波动溢出效应。

(2)生猪价格波动特点

生猪价格波动呈现周期性。美国、英国和德国的生猪价格均显示出周期性波动，国外学者研究 1966 年以来的美国生猪价格年度数据，结果发现美国生猪价格波动经历 5 个周期，并且周期长度逐渐加长（Dorfman and Park，2009；Colino and Irwin，2010）。Dawson（2009）、Gene et al.（1989）研究英国的猪肉价格周期，结果表明英国的猪肉价格周期具有显著的年周期和季节性周期特征。Phillip et al.（2014）研究 20 世纪末到 21 世纪初的德国生猪价格，发现德国的生猪价格波动周期长度大致是四年，而且伴随时间的推移，生猪价格波动逐渐加剧。

中国生猪价格周期性波动，波幅大。1984—2006 年国内生猪价格先后经历四个波动周期，第一个波动周期是 1984—1987 年，第二个波动周期是 1987—1993 年，第三个波动周期是 1993—2000 年，第四个波动周期是 2000—2006 年，周期时间长度显示出逐渐加长的趋势，并且波动幅度逐渐加大（吕杰和綦颖，2007）。毛学峰和曾寅初（2009）运用 H-P 滤波研究中国生猪价格的波动周期，发现价格波动周期长度为 35~45 个月。王明利和李威夷（2010）对 1995—2009 年中国生猪价格进行分解研究，发现生猪价格波动周期平均长度大概是 30 个月，并且波动周期出现稳定增长的趋势。Qiao Zhang et al.（2013）通过研究中国生猪市场价格波动的规律发现，不同季节的生猪价格有一定的区别，因为猪肉消费具有明显的季节性，猪肉的季节需求对生猪价格波动产生显著影响；生猪价格出现大幅上扬的时间间隔为 2~3 年；自 20 世纪 80 年代以来，中国生猪价格已出现多个波动周期，呈现出周期性波动特性。严斌剑和卢凌霄（2014）研究发现，自 1994年以来，生猪价格波动周期内价格下跌段的时间延长，整个波动周期加长，波动幅度不断扩大，波动更加频繁。2000—2014 年国内生猪价格经历4 个波动周期，每个周期内波峰与波谷的时间长度相差较大，并且波动不规则（孙秀玲，2015）。江西省的生猪价格波动呈现出波动频率增多、波动幅度加大、波动周期缩短的特征，生猪价格与猪肉价格经过 14 个月左右的时间达到峰值（郑瑞强和罗千峰，2015；罗千峰和张利庠，2018）。谷政和赵慧敏（2018）以 2012 年为时间分界点，将 2012 年以后的生猪价格与 2012年以前的生猪价格进行对比，发现 2012—2017 年生猪价格波动表现出非对称特点，并且波动周期时限长度缩短，短期内价格波动出现下降现象。王丹(2019)研究发现生猪价格波动周期上升阶段的时间受到生猪生物学规律制约，上升阶段的时间长度的平均值为 17～18 个月。从 2000 年 1 月到 2018 年 5 月河北省生猪市场价格先后出现 5 个波动周期，显示出 W 形的波动态势，并且波动周期长度逐渐缩短，波动幅度逐渐增大，生猪价格表现出波动上升的趋势(代雨晴，2019)。自 2003 年 6 月以来国内生猪价格经历 5 个波动周期，每个波动周期长度均达到或超过 40 个月，周期持续时间长，并且价格波动幅度加大(杨强，2019；朱增勇，2021)。

生猪价格波动呈现非线性。美国和德国的生猪价格显示出非线性波动，多位学者通过研究美国生猪价格发现，美国生猪价格波动的非线性和非对称性特征(Hayes and Schmitz，1987；Chavas and Holt，1991；Streips，1995；Ruth et al.，1998；Miller and Hayenga，2001)。Holt and Craig (2006)运用区制转移模型研究美国近一百年的猪粮比，结果表明美国的生猪价格波动具有非线性特征。Ernst Berg and Ray Huffaker(2015)采用创新的"诊断"建模方法，应用非线性时间序列，分析德国自 2005 年以来的生猪价格波动情况，发现需求的低价格弹性导致了价格的非周期性循环，德国生猪市场价格非线性波动的主要原因在于生猪生产时滞，投资的不可逆性和流动性驱动的德国农民投资行为是两个重要的驱动因素。

中国的生猪价格存在非线性波动。毛学峰和曾寅初(2009)采用 STAR 模型检验中国生猪市场价格的调整过程，发现生猪价格和猪肉价格的调整过程大体上一致，两者均显示非线性调整状态。张宇青等(2015)运用门限自回归模型对国内 2003—2013 年的出栏生猪价格波动特性进行研究，结果表明非线性门槛效应是自 2003 年以来的生猪出栏价格波动的显著特点，而且重大突发事件(例如非典型肺炎)对生猪出栏价格波动产生深刻影响。潘方卉和李翠霞(2014)实证研究了国内生猪价格非线性波动特征，结果发现 Markov 区制转移模型对生猪价格波动过程的拟合性好，验证生猪价格波动过程划分为上涨阶段、稳定阶段与下跌阶段的合理性，而且生猪价格在不同阶段的持续期也不一样。有学者通过研究猪肉价格指数的门限效应，发现猪肉价格指数存在非对称性变动，并且猪肉价格指数是否上涨与门限值有关(胡向东和王济民，2010)。

生猪价格波动呈现季节性。杨朝英和徐学荣(2011)、付莲莲等(2016)分别运用自回归条件异方差模型和 LS-SVM 模型研究生猪价格波动的特性，得出季节对生猪的价格影响较大，每年 1 月的价格最高，而 6 月的价格最低，生猪价格波动表现出显著的季节性特征。徐紫艳(2014)、孙秀玲(2015)通过分析 2000 年以来国内生猪市场价格月度数据，发现每年的 1 月和 12 月的生猪价格相对较高，而夏季相对较低，年度内的生猪价格先降后升，呈现 U 形态势。受猪肉消费季节性影响，生猪价格年度内波动特征较为明显，季节是影响生猪年度内价格波动的重要因素。陈佳豪和王胤凯(2019)研究发现年度内生猪价格变动趋势大体上呈勺子形，凸显季节性波动特征。

生猪价格波动呈现持续性。吕东辉等(2012)运用自回归条件异方差模型研究生猪价格波动，发现平稳期的生猪价格波动最弱，上升期的生猪价格波动最强，下降期的生猪价格波动居中，并且生猪价格波动呈现出一定的持续性。张敏(2019)通过对中国生猪价格进行集聚效应检验、持续效应检验与非对称效应检验，发现生猪价格波动具有显著的集聚效应、持续效应与非对称效应特征。

生猪价格波动呈现非对称性。潘方卉等(2016)通过分析生猪的月度价格，发现非对称性是中国生猪价格波动的显著特征。赵瑾等(2017)研究猪肉价格波动发现，负向冲击引发的价格波动明显小于正向冲击，猪肉价格波动表现出显著的非对称性特征，而导致这一现象产生的主要原因是市场交易机制缺陷、养殖主体结构和养殖者从众行为。

生猪价格波动呈现集聚性。庄岩(2012)运用广义误差分布的 ARCH 类模型研究生猪价格波动特性，发现生猪价格波动的非对称性不够明显，而集聚效应显著。猪肉价格波动既表现出非对称性还表现出集聚性，"好消息"和"坏消息"对猪肉市场的冲击程度不同，"好消息"对猪肉市场的冲击更大(郭刚奇，2017)。付莲莲等(2018)基于结构突变视角运用非参

Mann-Kendal 研究江西生猪价格波动的时序特征，得出生猪价格收益率不仅存在非对称性特征，还具有明显的波动集聚性特征。

（3）影响生猪价格波动的因素

由于生猪生产具有一定的周期性，市场消费需求则具有相对的稳定性，生猪生产供应的变化必然引起生猪价格波动。众多学者从不同视角研究了生猪价格波动的影响因素。

首先，生猪供给是影响价格波动的主要因素。徐雪高（2008）、罗千峰等（2017）研究认为影响生猪价格波动的最主要因素是供给因素，生猪的供给弹性大于需求弹性是引起生猪价格持续波动的原因。生猪养殖主体的不同预期会影响其选择不同的生产行为，正向预期会使养殖主体扩大养殖规模，增加生猪存栏量，而负向预期会使养殖主体缩小养殖规模，减少生猪存栏量，从而影响生猪供给稳定（綦颖和宋连喜，2009）。李明等（2012）研究认为规模养殖户与散养户在专业性、资金、技术与生猪供给量等方面存在差异，遇到突发状况或价格波动时，规模养殖户的风险应对能力和承受能力更强，有助于稳定生猪市场供给。虽然规模化养殖可以减小生猪生产波动幅度，但是抑制负向冲击波动的作用不明显，主要原因是整体规模化养殖水平较低、生猪疫情、饲料价格上涨等（周晶等，2015）。严荣光和严斌剑（2010）对投入品价格与生猪价格之间的关系进行分析，发现短期内投入品价格与生猪价格互相制约。玉米价格与仔猪价格会对生猪价格波动产生正向影响，生猪疫情与养殖主体的预期价格对生猪价格波动产生负向影响（陈迪钦和漆雁斌，2013）。生猪养殖成本主要包括饲料费用与人工成本，玉米是生猪饲料的重要成分，玉米价格是否稳定影响生猪价格波动（严斌剑和卢凌霄，2014；赵瑾等，2014）。彭代彦和喻志利（2015）应用变结构协整法考察了中国 2001—2013 年的生猪月度时间序列数据，研究发现生猪价格与替代品价格、居民收入、饲料价格的协整关系在 2008 年 12 月产生结构突变，生猪价格波动受居民收入与替代品价格的影响相对较小，滞后一期的生猪价格与饲料价格对生猪价格波动造成较大影响，生猪供给波动造成生猪价格波动。供给调整的滞后性是"猪周期"形成的根本原因，而养殖成本、生猪疫病、消费的季节性变化、环保压力、国家的经济状况等都是影响生猪价格波动的重要因素；流通成本、生猪生产周期、仔猪价格、饲料价格、生猪出栏量等是造成生猪价格波动的供给面因素，居民收入与替代品价格是造成生猪价格波动的需求面因素，生猪疫病、突发事件、通货膨胀、环境治理费用等是造成生猪价格波动的外部因素(王宏梅和赵瑞莹，2017；任青山，2018；章睿馨等，2021；费红梅等，2018；陈帅，2019)。

其次，养殖规模对生猪价格波动有显著影响。随着生猪养殖业的发展，生猪规模化养殖水平不断提高，但数量众多的散养户仍然在所有养殖主体中占据绝对多数，其年生猪出栏量在全国年生猪出栏量中的占比依然较大。与规模养殖户相比，散养户对于生猪价格波动更加敏感，其生产决策变动更快，一旦生猪价格下跌，散养户为减少经济损失往往采取提前出栏或暂时退出生猪养殖；而当生猪价格上涨时，散养户为获得更多的养殖收益多采取增加生猪存栏量来提高生猪产能，从而造成生猪生产出现大幅波动，给生猪市场带来强烈冲击，加剧生猪市场价格波动(王芳和陈俊安，2009)。生猪散养户往往布局分散，主要依靠经验决定生产，缺乏市场前瞻性，生猪存栏量波动较大。众多养殖户散养、粗放的养殖模式是引起中国生猪市场价格波动的内在原因，非规模化养殖与规模以上养殖模式相比，在养殖技术、设施水平与生产效率等方面的劣势比较明显，非规模化的生猪养殖造成规模不经济(何蒲明和朱信凯，2011；马兴微，2013)。规模化养殖水平低，散养户与小规模养殖户的市场信息来源渠道较少，很难获取准确的生猪市场信息，预判生猪市场的能力弱，遇到猪价暴涨或暴跌时，盲目增加存栏量或减少存栏量，助长了生猪价格波动；生猪养殖组织化程度低，阻碍重大生猪疫情的联合防控和生猪生产、销售的有效衔接，制约了养殖技术与生产管理水平的进步(朱增勇，2021)。由于中国生猪养殖规模化程度和产业纵向一体化水平低以及生猪疫病与重大突发事件对生猪生产的冲击，导致规模化养殖减小生猪生产波动的作用较小(周晶等，2015)。

提高规模化养殖水平，有利于抑制生猪价格波动。农户的生猪养殖规模是影响生猪价格波动的重要因素，可以通过建立养殖合作社、生猪产业链一体化来调整生猪的供给与需求，稳定生猪价格（郭娜和梁佳，2013）。有学者通过对生猪养殖模式的比较研究，发现规模化养殖有助于促进生猪市场稳定，养殖规模化程度越高在抑制生猪价格波动方面发挥的作用越大（李明等，2012；胡向东和王明利，2013）。也有学者利用省际面板数据实证研究得出提高规模化养殖水平可缩小生猪生产波动幅度。张春丽和肖洪安（2013）运用 H-P 滤波和相关性分析研究生猪价格与各种规模的养猪户数量之间的关系，得出长期内生猪价格波动与不同规模的生猪养殖户数量负相关，短期内生猪价格波动与不同规模的生猪养殖户数量正相关，生猪规模化养殖是促进生猪价格稳定的重要因素。张爱军（2015）对中美生猪价格周期进行对比分析，发现规模化养殖能够起到稳定生猪市场的作用，可以缩小生猪价格波动幅度。规模化养殖稳定生猪价格的作用较为显著，并且具有明显的空间溢出效应和门槛效应；不同的规模化养殖抑制生猪价格波动的作用大小不同，小规模养殖的抑制作用最小，大规模养殖的抑制作用较大，中规模养殖的抑制作用最大（王刚毅等，2018；刘烁，2021；Apergis and Rezitis，2003；Abdulai，2002；Rhodes，1995）。大规模养殖户、小规模户和散养户是造成生猪价格剧烈波动的主要力量，而中规模养殖户往往是稳定生猪价格的中坚力量（郭利京等，2014）。有学者研究认为散养户与规模养殖户在经济效益方面两者存在互补关系（乔颖丽和吉晓光，2012）。

再次，生猪疫情、货币政策以及生猪产业政策等影响生猪生产，是引起生猪价格波动的外部因素。

重大生猪疫情、自然灾害等加剧价格波动。生猪疫病难以预测，具有较大的不确定性，影响生猪价格稳定（张喜才等，2012；张晨等，2013；Yu Xiaohua，2014）。苗珊珊（2018）通过研究 2008 年 1 月至 2015 年 4 月的生猪疫情与猪肉零售价格关系发现：生猪疫情引发杠杆效应，造成猪肉价格波动表现出持续性、集聚性、记忆性以及非对称性特点。生猪疫情产生双向效应,既抑制消费者的消费需求又降低了养殖户的补栏积极性(乙永松,2018)。2006—2020年国内生猪价格波动先后经历四个周期,特别是在非洲猪瘟疫情影响下,生猪价格的波动周期显著变长,生猪价格波动更加剧烈,波峰与波谷的价格差大,这与以前的疫情影响有所不同,这不仅损害消费者的利益而且严重影响生猪产业的健康发展(刘烁等,2021)。生猪疫病、自然灾害、国家调控政策和宏观经济均会引发生猪价格波动(潘方卉等,2016)。

货币政策对价格波动影响深远。蔡勋和陶建平(2017)运用SVAR模型研究影响猪肉价格波动的因素,发现货币流动性对猪肉价格波动的短期影响不大,但长期影响的贡献度高达45%,是造成猪肉价格波动的重要因素,在货币流动性的影响下猪肉价格表现出时滞性,而消费需求与猪肉供给对猪肉价格波动的贡献率均不大。

突发事件、不稳定的产业政策等引发生猪价格超常波动。2006年以来生猪价格产生结构性突变,波动周期延长,波动的幅度更大、频率更高。虽然养殖成本、价格预期、消费者收入、物价水平、替代品价格、国际生猪价格等都可以影响生猪价格波动,但这些因素还不能引起生猪价格的超常波动,而造成生猪价格超常波动的主要因素是突发事件、产业政策的频繁调整、生猪疫病、自然灾害等(司润祥,2018;任晓娣,2021;陶建平等,2021)。突发事件、国家宏观调控政策、人口数量和分布结构、居民收入等都是影响生猪价格波动的因素(宁攸凉,2009)。

市场信息对价格波动有重要影响。白华艳等(2017)基于TARCH和EGARCH模型的研究发现,负向信息对猪肉价格的影响小于正向信息,显示出明显的不对称效应。"追涨杀跌"是散养户普遍存在的从众心理作用的结果,使生猪市场价格波动更加剧烈(郭利京和赵瑾,2014)。

养殖收益变化强化了价格波动的复杂性。养殖户因养殖收益的变化进而调整母猪存栏量、生猪出栏量,导致生猪价格波动表现出显著的周期性特征,并且波动周期内的小波峰数量增多,波动频率增大,波动态势更加复杂(王娅鑫,2019)。

总之，生猪产业化程度低，生猪生产、销售、加工等产业链各环节联系不够紧密，不利于抑制生猪价格异常波动；生猪产业调控政策从制定到实施，有时间跨度，政策效果具有一定的滞后性，由此也造成生猪价格波动周期进一步延长；重大生猪疫情和过量进口猪肉冲击生猪市场，加剧生猪生产波动和价格波动(朱增勇，2021)。

2.3.2　生产与销售决策行为研究

(1)关于生产意愿影响因素研究

生产意愿的影响因素较多，包括个体及家庭特征、农户收入、养殖政策和政府规制等。不同的生产意愿，其影响因素的作用方向及作用程度不同。政府补贴正向影响绿色生产意愿，而政府规制负向影响绿色生产意愿，户主年龄越大，绿色生产意愿越不强(黄炎忠等，2018)。农户收入对生产意愿产生影响，收入来源较多、收入较高的农户家庭从事生猪养殖意愿低，而收入来源较少、收入较低的农户家庭从事生猪养殖的意愿高，收入来源和收入高低对农户是否从事生猪养殖有显著影响(胡浩等，2005)。融资便利程度、环保压力大小、相关专业技术人员数量等构成养殖户的资源约束。资源约束及其养殖户的个体特征(年龄、性别、受教育程度)不同程度地影响着养殖户规模调整意愿。资源约束对养殖规模调整意愿的影响程度远高于养殖户个体特征的影响程度(兰勇和张愈强，2020)。农户存在风险规避心理，不会轻易采取实际行动。农户对政策的满意度正向调节生产意愿，政府激励和政府规制的主观感知对农户生产行为存在显著影响。赡抚比、农业收入占比、农户的健康状况等对农户生产意愿有明显的正向影响，不同的年龄段及收入占比情况对生产意愿的影响具有异质性(何悦和漆雁斌，2021；王祥礼等，2020)。

(2)关于生产决策行为影响因素研究

影响生猪生产决策行为的因素包括外部因素和内部因素。生猪养殖户的生产决策行为受到外部因素和内部因素共同影响，内部因素主要有养殖资金、家庭状况、非农就业收入、养殖者受教育水平及家庭劳动力状况；

外部因素主要有养殖成本、自然环境、生猪产业政策、生猪市场状况等（张空等，1996；汤颖梅，2013；聂赟彬，2020）。生猪生产结构调整表现为放弃养殖、扩大或缩小养殖规模，这些现象对农户生计和农产品供需平衡产生重大影响。研究这些现象的驱动因素很有价值，因生猪养殖周期长，中途又缺乏灵活有效的退出方式，养殖户面临很多风险因素，每个因素发生偏移都有可能引起生猪价格波动。

内部因素对生产决策行为的影响。农户规模、劳动力素质与人口构成对农户行为选择有较大影响（Barnum and Squire，1979）。一些散养户或中小规模养殖户退出生猪养殖，除环保成本高昂外，更多的原因是迫于生计与资金压力、对市场的预判能力较弱，盲目调整生猪生产，影响短期内生猪的供给。

生猪产业政策对生产决策行为的影响。政府对生猪产业的大力扶持是提高养殖户的市场竞争力、推动生猪养殖转型升级、促进我国养猪业稳定持续发展的关键（张存根，2006）。也有学者研究认为养殖户养殖培训参与度以及参与培训次数正向影响生猪养殖户的生产决策。

养殖成本、养殖利润与生猪价格对生产决策行为的影响。养殖成本不断上升和生猪市场价格的持续走低是造成江苏省苏北地区养殖户停止生猪养殖的主要因素（汤颖梅等，2010）。养殖户防控生猪疫病的能力、养殖户与销售商合作的紧密程度以及生猪价格波动率等与生猪出栏量正相关，而养殖成本变动率与生猪出栏量负相关，养殖利润是决定养殖户养殖规模以及是否养殖的关键（王宏梅和赵瑞莹，2019）。农业生产供给至关重要的影响因素是农户的生产规模调整行为决策，该行为决策受市场价格预期、资产专用性以及生产调控能力的共同影响（黄炎忠等，2020）。面对农产品预期销售价格的下降，农户基于利润最大化目标，采取优化要素投入结构的行为，根据其预期价格调整当期生产规模（闵师等，2017）。近几年，我国生猪生产规模化程度不断提升，但大、中规模养殖户占比仍然偏低，而且生猪产业链纵向整合程度较低，饲料仔猪供应、生猪养殖、屠宰、批零、肉类加工一体化模式还很少，形成了主产区和主销区，即便生猪流通推进

"调猪"转向"调肉"，也难以改变"全国产、全国销"的流通格局。生猪产业链上从业主体众多，价格或产量波动易产生"牛鞭效应"，产能的变化滞后于价格的变化，但养猪场户具有相机选择行为，价格下跌时行为反应更敏感，从而导致脱离不了"猪周期"（沈鑫琪和乔娟，2019；朱增勇，2021）。2019 年 12 月及 2020 年几乎全年的生猪价格高位运行，加上市场对疫情持续时间的悲观预期，不断打破生猪市场原有的供需平衡，蛛网效应给养殖户带来"生产决策难"的问题。

养殖风险对生产决策行为的影响。生猪养殖户在生猪产业链中处于弱势地位，市场风险和疫病风险较大，生猪扶持政策不到位，非农就业渠道增多，养殖收入不稳定，导致养殖户退出生猪养殖业（宋连喜，2007）。在非洲猪瘟未得到有效控制的背景下，养殖风险加大，养殖资金不足，养殖户恢复生产较为困难。银行面向生猪养殖的信贷服务机制不够健全，不能很好地满足养殖户的资金需求；保险公司针对生猪养殖的险种还不够丰富，对提高养殖户风险防范能力的帮助不大；还有部分养殖户没有获得生猪贷款利息的补贴。这些因素共同作用造成养殖户难以扩大养殖规模（赵景峰，2019）。

（3）关于销售决策行为影响因素研究

生猪产业链涉及众多环节，包括生猪的养殖、销售、运输、屠宰加工等。生猪销售是生猪产业链的重要环节，关系到养殖户的收益多少。影响销售决策行为的因素包括交易费用、养殖规模、谈判成本、信息成本、农户合作、心理契约、养殖户家庭特征等。

交易费用对销售决策行为的影响。Hobbs（1997）实地调查英国养殖户，选择 25 个指标量化交易费用，研究交易费用如何影响养殖户销售方式的选择。Boger（2001）基于交易费用理论对波兰生猪养殖户的销售决策行为进行实证研究，发现规模小的养殖户倾向于与中间商达成口头协议，并依据口头协议进行交易；规模较大的养殖户选择与生猪加工企业签订书面合同，并依据合同约定进行交易。交易成本影响农户的交易方式，生产规模较大的农户一般选择与中间商进行交易，小规模农户多采取公开市场交易。合作社统一销售，可以减少交易费用。由于合作社销售服务能力弱，其对规模较大农户的销售方式选择影响比较小，而对小规模农户的影响相对较大（文长存，2017）。

谈判成本与信息成本对销售决策行为的影响。谈判成本与信息成本显著影响生猪养殖户的垂直协作方式选择（应瑞瑶和王瑜，2009）。陈露等（2020）根据江苏省245户养殖户的调研数据，运用有序 Probit 模型分析生猪养殖户销售渠道选择的影响因素，得出信息成本、谈判成本和执行成本有显著的影响，社会信任、社会参与与社会网络的影响次之，而养殖户的年龄与学历对生猪销售渠道选择的影响最小。

农户合作对销售决策行为的影响。农户合作有助于降低交易成本与市场风险，形成规模经济，影响农户合作的因素有农产品市场、农户之间的关系和农业政策（李道和和郭锦墉，2008）。农户与公司合作的高违约率对"公司+农户"规模经营和农业产业化造成严重影响，其根本原因在于市场风险。"公司+农户"经营模式可以显著降低交易费用，实现双方利益共享，促进农户与公司共同发展（涂国平和冷碧滨，2010）。宁攸凉（2011）通过实地调查北京市的养猪户，结果发现养殖户饲养的生猪主要出售给生猪收购商，交易方式大多采取公开市场，生猪销售价格多数情况下未获得收购商的保证，生猪养殖合作社在提高养殖户的市场谈判地位方面没有发挥其应有的作用。影响农户营销合作意愿的因素主要有农户的经营规模、应对风险的态度、文化水平、产品类型等（Key and McBride，2003）。

心理契约对销售决策行为的影响。赵晓飞（2015）基于湖北省413户农户调查数据的研究表明，农户感知的心理契约影响农户选择交易模式，与关系型心理契约相比，交易型心理契约对农户交易模式选择的影响更大。这两类心理契约均显著影响农户与龙头企业的合作（黄微，2013）。

市场信息和家庭特征对销售决策行为的影响。刘晓昀和李娜（2007）依据云南省贡山县生猪散养户的调研数据，利用 Probit 模型和线性回归模型研究影响散养户生猪销售比例的因素，发现生猪存栏量、生猪市场信息、圈舍质量、养殖户家庭成员数量等因素显著影响散养户的生猪销售决策行为。

2.3.3　生猪生产行为绩效研究

　　适度规模养殖有利于提高生产行为绩效。Cheng Fang and Jay Fabiosa (2002)通过比较散养、专业户饲养、大规模商业饲养的生产成本，结果发现大规模商业饲养生产成本最高，而专业户饲养生产成本最低。但生猪大规模养殖对饲料与服务费的价格不敏感，并且大规模养殖的效益高于散养、小规模养殖。生猪大规模养殖模式位于规模报酬递减阶段，而中小规模养殖模式位于规模报酬递增阶段(李桦，2007)。随着生猪养殖规模的扩大，料肉比呈现增长趋势；在总成本与平均利润方面，小规模养殖的总成本最小、平均利润最高，大规模养殖的劳动生产效率最高，并且大规模养殖具有较强的市场适应力与抗风险能力，大规模养殖虽然平均利润较低，但利润波动小，适度规模养殖是提升绩效的有效路径。不同地区、不同养殖模式的生猪生产效率存在较大差异，东部地区的生猪生产效率比西部高，规模养殖的生猪生产效率比散养模式高。规模化生猪养殖最主要的投入因素是固定资产投入，生猪散养模式最主要的投入要素是仔猪费用(谭莹和邱俊杰，2012)。耗粮系数因时空差异而不同，扩大生猪养殖规模，有助于提高饲料粮的利用效率(刘晓宇和辛良杰，2021)。由于资源配置效率和规模效益的提高，近几年中国生猪全要素生产率大幅增长，饲料要素投入量的增加促进中国猪肉产量的增长(Xiao Hongbo et al.，2012)。

　　技术进步促进生产行为绩效的提高。Key et al.(2014)依据美国农业部资源管理调查数据对生猪体重增加、饲料投入进行研究，结果表明技术进步促进生猪生产效率的提高。在技术进步的影响下国内生猪全要素生产率发生显著变化，而技术进步对技术效率的影响不明显(左永彦等，2017)。中国生猪散养模式过度依赖饲料投入，只有提高饲料转化率才能提高生猪生产效率(喻闻等，2012)。由于技术进步缓慢，2008—2017年我国大规模生猪养殖的全要素生产率显示出降低倾向，并且不同区域大规模生猪养殖的全要素生产率不同(章睿馨等，2021)。在技术效率诱导与技术创新推动下，生猪环境全要素生产率实现稳定增长，但不同区域的增长并不平衡。随着环境保护压力的增大，生猪环境全要素生产率增长速度显著减慢（唐莉，2020）。

环境规制显著影响生产行为绩效。环境规制强度可以促进绿色全要素生产率增长，并产生显著的正向溢出效应（于连超，2020）。李欣蕊等（2015）基于生猪环境全要素生产率的测算表明，在不同规模、不同区域的环境全要素生产率存在明显差异，并且环境因素负向抑制生猪养殖全要素生产率的作用显著。朱庆武等（2017）利用三阶段 DEA 模型对国内 29 个省、区、市大规模生猪养殖的投入产出效率进行分析，并且横向比较了生猪重点生产区域的养殖绩效，结果表明国内畜牧业还没有实现生态环保协调发展，无视环境污染因素会造成畜牧业全要素生产率估值变大。生猪养殖绿色生产效率与农户的养殖收入呈现负相关，而与养殖户风险偏好、地区经济发展水平等因素呈现正相关（郑微微等，2013）。中国学者研究发现 18 个省的绿色全要素生产率高于全国平均值，但生产效率并没有因为生猪养殖从传统养殖区转移到中部地区得到提升（Zhao Liange，2015）。

饲养模式、养殖成本、生猪疫病、投入要素等因素对生产行为绩效有重要影响。汪紫钰（2019）通过研究养殖户的生猪生产绩效与养猪合作社的关系，发现养猪合作社并没有充分发挥应有的职能和作用，生猪养殖户的生产绩效未得到显著提高。我国每头每年母猪出栏肥猪数较少，饲养模式相对落后，仔猪与育肥猪养殖成本高，非洲猪瘟等生猪疫病还没有很好的解决措施，这些因素共同作用造成生猪养殖效率较低（唐莉和王明利，2020）。投入要素、全要素生产率是推动规模化生猪养殖产出增长的主要因素，其中投入要素中贡献最大的是饲料投入。伴随生猪养殖规模的不断扩大，全要素生产率与投入要素对产出增长的作用出现两极分化，全要素生产率的贡献逐步增长，投入要素的贡献逐步缩小（王善高，2021）。

2.3.4 生猪价格波动的调控策略研究

美国采取多种措施，防范生猪价格异常波动。为使农业尽快走出经济危机，1933 年美国制定了《农业调整法》，政府陆续完善农业补贴体系，其补贴体系大致包括价格补贴、产量限制、产品出口等三方面内容。美国生猪养殖普遍采取合同生产，生猪产业链中游的屠宰加工企业与养殖场签订生猪生产合同，最终助推上游生猪养殖规模化（贾夕艺，2021）。合同生产既不会造成生猪价格上涨时生猪产能过分地扩大，也不会导致价格下跌时生猪产能过分地缩小（MacDonald J.M.，2015）。在生猪产业的整合中，大型的屠宰加工企业、龙头饲料生产商通过向上游产业或下游产业延伸扩张，实现企业的纵向一体化经营。为防范价格风险，美国建立了完善的生猪价格保障保险与生猪毛利保险（周志鹏，2014；马改艳和周磊，2016），生猪价格保障保险设有 0~20 美元/头的免赔额，养殖场可自主选择保险期间、保障水平与免赔额（王克等，2014），美国生猪毛利保险的保险期间为 6 个月（赵长保和李伟毅，2014）。美国率先开展生猪期货交易和期权交易。期权交易对买方没有保证金要求，没有爆仓的风险，获利可以最大化（闫云仙，2012；李元鑫等，2021）。美国依靠完善的生猪产业社会保障体系，通过对生猪养殖业充足的财政投入，促进了生猪养殖业可持续发展（俎文红，2016）。

欧美其他生猪养殖强国采取不同政策措施，稳定生猪生产，防范价格风险。加拿大建立农业巨灾风险，其分散方式是再保险、再保险基金、灾害年份的巨灾补贴金以及无息贷款支持等（张守莉等，2019）。丹麦通过建立完善的生猪养殖合作社制度，实现生猪生产的稳定。农场主参加合作社，其商品猪通过合作社进入市场，合作社成员之间利益共享（崔海红，2020）。饲料公司、屠宰公司与农场主在专业技术指导、行业信息服务等方面紧密协作（凌薇，2018）。为降低生猪价格风险，德国开展生猪期货交易，利用生猪指数确定生猪期货的最终交割价格，其合约期限最长可达一年半（陈蕊芳等，2017）。德国重视农业经营人员的职业素质培养，农业人才培养体系分为大学教育、职业教育和职业培训三个层面，为社会输送了大量高素质的职业农民（马凯和赵海，2015）。德国的养猪社会化服务体系较为成熟和高效，养殖协会在种猪培育、仔猪供应、饲养、疫病防控、养殖设施建设、销售、运输、屠宰等诸多方面为会员提供服务，业务涉及产业链多个环节，会员共同组成利益共同体(晨曦，2014)。德国疫病防控系统运转高效，防控技术手段先进，养猪场防控措施完善，基本消灭了生猪的常见传染性疾病(赵黎，2016)。

我国出台多项生猪产业政策，促进生猪供求平衡。国家综合运用低息或贴息贷款、良种补贴、种猪养殖保险、能繁母猪保险、生猪价格保险、粪污资源化利用补贴和基础设施建设补贴等政策措施扶持中小规模生猪养殖户采用新技术、新品种，改善生产条件，提升应对各种风险的能力，保障中小规模养殖户生猪生产稳定。有学者研究认为由于全国各地的生猪价格存在较高的相关性，生猪价格指数保险存在高额赔付的风险，即使保险人采取分散风险措施，其效果也不理想，生猪价格指数保险的可行性不高(夏益国，2014)。收益保险作为以收入保障为目标的"绿箱"政策，在促进生猪及猪肉国际竞争力方面有着广阔的发展空间。我国需要借鉴国外生猪收益保险的经验，完善生猪保险险种，科学设计保险期间，便于养殖户依据生猪养殖实际购买相应的保险；同时还需要在制度设计上防范投保人的逆选择与投机行为。此外，政府还应完善全国生猪市场价格统计体系，为养殖户的生猪生产决策提供全面、准确、即时的信息服务(王克等，2014)。

生猪价格处于上涨周期，国家的宏观调控政策应适度支持生猪产能恢复，避免养殖户非理性增加产能，造成生猪产能过剩和市场供过于求，给生猪价格带来大幅下跌的风险；生猪价格处于下跌周期，国家应适时调整生猪生产激励政策与猪肉进口政策，启动中央冻猪肉储备收储，科学确定冻猪肉收储量与收储区域。对于生猪养殖大省，应合理增加冻猪肉的收储量，以保障生猪基础产能在合理范围内波动，防止生猪价格大幅、快速下跌。国家通过建立有助于稳定生猪养殖的政策体系，保证基础产能，促进生猪产业技术升级和转型发展，推动生猪产业竞争力不断提升，保障全国生猪基础产能的稳定和市场供求的基本平衡。中小规模生猪养殖户是我国生猪养殖的主力军和生猪市场供给的重要来源，其生猪生产波动越小，生猪市场供给波动以及生猪价格波动越小(朱增勇，2021)。

2.3.5 文献简评

国内外学者对生猪价格波动、生产行为等进行了持续探究，取得一定的研究成果。进入 21 世纪以来，生猪周期频发，引起学术界高度关注。现有文献为本研究提供了良好的借鉴与启示，但还存在一定的不足，需要进一步深入探索，主要表现在以下四个方面：

第一，现有文献对生猪价格波动的研究较多，而对生猪生产决策行为和销售决策行为研究不够深入。学者们通常就以上内容的某一个点展开研究，研究体系不够系统、完整。本研究尝试将生猪价格波动、养殖户的生产意愿、生产决策行为、销售决策行为以及行为绩效纳入一个研究框架进行系统的分析，从而较为全面地考察生猪价格波动背景下养殖户生产意愿、生产决策行为和销售决策行为。

第二，现有文献针对生猪价格波动背景下养殖户生产意愿的研究不足。多数文献仅仅梳理了影响生产意愿的因素，对养殖户生产意愿的形成机理没有进一步深入探讨。本研究通过实地调查获得数据，然后运用计划行为理论和结构方程模型深入分析数据资料，以揭示养殖户生产意愿的形成机理。

第三，现有文献大多用宏观数据考察生猪生产，在养殖规模、要素生产率与生猪调控政策等方面进行理论与实证研究，而从生猪价格波动的视角研究养殖户的生产决策行为的文献不多。本研究从生猪价格波动的视角，基于实地调查数据，分析养殖户价格风险认知与风险态度，并运用前景理论与二元 Logit 模型揭示养殖户生产决策行为机理，剖析养殖户调整生猪生产规模的内在动因。

第四，学术界对生猪销售决策行为研究不多，现有的文献主要梳理影响生猪销售决策行为的因素，对生猪销售决策行为特征进行描述性分析，而对养殖户的生猪销售决策行为选择机理未做深入探讨。本研究运用前景理论和多元 Logit 模型对生猪价格波动背景下养殖户的生猪销售决策行为机理进行分析，以期对养殖户的生猪销售决策行为的相机选择做出合理解释。

在非洲猪瘟叠加新冠疫情的时期，造成生猪价格波动的因素更加复杂多变，生猪养殖的风险加大，养殖户生产决策行为与销售决策行为面临更多的不确定因素。研究生猪价格波动背景下养殖户的生产决策行为与销售决策行为，深入分析行为动机，以期为政府制定稳定生猪生产的政策和后续研究提供有益参考。

2.4 本研究的分析框架

2.4.1 价格波动背景下生猪养殖户生产与销售决策行为理论分析

前文所述理论在一定的经济社会环境下，具有适应性及相对正确性。这些理论对养殖户决策行为分析的前提假设是养殖户根据外部信息进行独立决策。养殖户决策过程中受到直接环境和间接环境的影响及约束，并受预期生猪市场价格的影响。Icek Ajzen(1979)研究发现人的活动是有计划的行为及反应，人的行为并不完全出于自愿，资源、机会、个人能力等因素条件影响人的行为。在技术、资金、时间等要素不具备的条件下，即使个人完全自愿也不能将主观意志变为实际行为(周玲强等，2014)。

养殖户的生产意愿是在特定的社会经济环境中，为了追求并实现自身利益，对外部信号做出的反应。生猪养殖户受资源约束、环境约束、个体特征、家户特征等因素的影响，利用恰当的引导方式，可以增强小规模养殖户进一步扩大规模的意愿(兰勇和张愈强，2020)。由于养殖户从事的生猪养殖业不同于其他行业，养殖户行为也具有一定的特殊性。养殖户为了实现某种生产目标，产生一定的行为动机，在行为动机的驱动下采取一定行为活动。行为人的认知存在一定的局限，行为人掌握的资源也是有限的，在各种主客观条件约束下行为人的决策必定不能达到完全理性，而是介于理性与非理性之间过渡地带的有限理性。在风险环境和不确定情境下做出的决策是有限理性且相对满意的决策，而不是最优决策。养殖户是有限理性经济人，是"经济人""生产者""社会人"的复合体，其行为决策中首先关注自身利益。养殖户的"有限理性"使其在风险较小化前提下，追求相对利润最大化。无论何种养殖方式，养殖主体均无法仅仅依据当前价格进行决策，而是根据当前价格、以往生猪价格波动情况及相关有限信息，预期生猪价格，估计出栏时的损益前景，养殖户的预期收益前景是影响其行为决策的重要因素。生猪价格波动频繁，无论上涨期，还是下跌期，生猪养殖一直处在动态环境中。价格信息的不确定及不对称性，导致养殖户的生产决策具有有限理性。由于受到外部环境和内部条件的约束，养殖户的行为不是固定不变的，而是依据各种制约因素的变化进行调整，在不同的价格条件下，养殖户行为决策可能会发生变化，以实现预定的生产目标。

养殖户的预期利润 Eπ 与预期收益 ER、预期成本 EC 相关，三者的关系如下式所示：

$$Eπ = ER - EC$$

预期收益的表达式为：$ER = EP \times Q \times f(a, b)$，EP 为预期价格，$Q$ 为生猪出栏量，$f(a, b)$ 为决策行为相机选择函数，该函数受养殖户自身及家庭特征的(向量 a)影响和社会关系、外部信息等(向量 b)的影响。$f(a, b)$ 的值小于 1 大于 0(曾杨梅，2020)。EC 为预期成本，主要由预期饲料价格和饲料用量决定，因为仔猪价格和圈舍成本在决定饲养量时已经明确。养殖户的实际收益取决于生猪出栏价格及饲养成本。生猪价格的不确定性给养殖户带来风险，直接影响养殖户的收益。

2.4.2　价格波动背景下生猪养殖户生产与销售决策行为分析框架

本研究运用价格波动理论、计划行为理论、前景理论、成本收益理论，从生产意愿、生产决策、销售决策三个维度研究生猪养殖户决策行为，以"风险认知—行为细分—行为绩效"的逻辑主线，把养殖经历、社会关系和外部环境等纳入分析框架。本研究在梳理养殖户面临的各种环境约束以及决策行为特征的基础上，深入探究生猪价格波动背景下养殖户生产意愿、生产决策行为以及销售决策行为的相机选择，并基于供应链的视角分析生猪价格波动背景下养殖户行为绩效。图 2-6 为本研究分析框架。

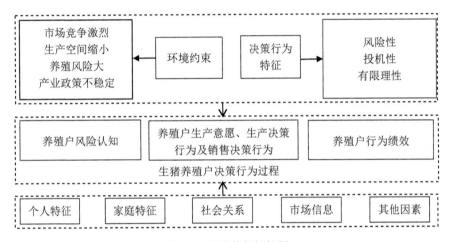

图 2-6 理论分析框架图

第3章 生猪产业发展中的养殖户处境与行为特征

作为猪肉生产和消费大国，生猪养殖在我国畜牧业中占有重要地位。我国具有悠久的生猪养殖历史，早在3000年前已有养猪的文字记载，《齐民要术》《说文》《农桑辑要》及多个地方的县志中均有记载。"穷养猪，富读书""猪粮安天下"等谚语形象地说明了"猪"在我国人民生产生活中的重要性。1959年毛主席明确提出，猪应该为"六畜"之首，足以看出国家对生猪养殖的重视程度。改革开放40年来，我国生猪产业得到了长足发展，在农业和国民经济中起到不可或缺的支撑作用（刘刚等，2018）。

3.1 中国生猪供需及价格波动

随着收入及人口数量的增加，猪肉需求总量不断提高，而供给受多种因素影响呈现出波动态势。"民以食为天"，在我国肉类消费结构中，猪肉占总体肉类需求量的一半以上，居于重要的消费地位。猪肉作为中国人餐桌上最重要的肉食，猪肉价格波动影响每家每户的菜篮子。我国生猪供给量大，养殖户众多。生猪生产波动导致生猪市场价格波动，而生猪市场价格波动又影响生猪生产波动，周而复始，形成猪周期。随着国民收入的提高，恩格尔系数降低，猪肉价格波动对居民生活质量影响显著降低，但会较大幅度地影响其替代品以及产业链上游产品价格，进一步产生经济联动效应。

3.1.1 中国生猪生产趋势

（1）生猪产量波动

改革开放以来，我国生猪产业迅速发展，猪肉产量保持不断增长的势头，生猪产业在国民经济中占有重要地位（刘刚等，2018）。在市场经济条件下，生猪的市场供给和肉类需求结构变化影响生猪价格波动，生猪供给量波动异常，政府逆势出台调控政策，"两只手"共同作用于生猪市场。影响生猪生产波动的因素可以归纳为两个方面：一是产业内部因素，包括生猪价格、能繁母猪数量、生猪疫病等；二是外部环境因素，包括 GDP 增长率、相关产业和环境规制政策及重大公共卫生突发事件等。依据 2006—2021 年生猪出栏量走势图可以看出，生猪生产可以划分为三个阶段，如图3-1 所示。

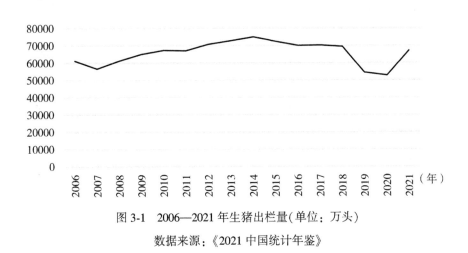

图 3-1　2006—2021 年生猪出栏量（单位：万头）

数据来源：《2021 中国统计年鉴》

2006—2014 年，生猪出栏量缓慢上升。这一时期，生猪价格在波动中上涨，为获得更多的养殖收益，仔猪繁育场和自繁自养户增加能繁母猪的数量，生猪产能增加，存栏量不断提升，在此阶段，全国生猪出栏量在波动中有所增长。我国生猪市场的需求相对稳定，影响我国生猪价格波动的主要因素是生猪供给量。1990 年全国生猪出栏量仅有 30911 万头，2006 年生猪出栏量达到 61209 万头，是 1990 年的 1.98 倍。2007 年全国的生猪出栏量仅为 56640.9 万头，由于蓝耳病疫情爆发导致出栏量减少，同比下降 7.5%。从 2008 年至 2010 年生猪出栏量连续三年稳定增长，由 2008 年的 61278.9 万头增加到 2010 年的 67332.8 万头，年均增长 4.85%。2011 年全国生猪出栏量为 67030 万头，与 2021 年的生猪出栏量几乎持平，生猪供给量较高。从 2012 年至 2014 年全国生猪出栏量缓慢增长，由 2012 年的 70724.5 万头逐渐增加到 2014 年的 74951.5 万头，年均增长 2.95%。

2015—2018 年，生猪出栏量缓慢下降。因 2014 年开始实施《畜禽规模养殖污染防治条例》，水价和排污费提升，同期生猪价格下跌，从 2015 年至 2018 年，全国生猪出栏量分别为 72415.6 万头、70073.9 万头、70202.1 万头、69382.3 万头，呈现出小幅度下降态势。另外，2015—2017 年，季节性仔猪腹泻、成猪红痢、猪瘟、蓝耳、高热病、口蹄疫等疫病零星发作，对生猪产量有一定影响。2018 年 8 月国内出现首例非洲猪瘟疫情，由于活猪跨省调运，致使病毒在很短的时间内传播到全国，加速疫情扩散，生猪死亡数量大。

2019—2021 年，生猪出栏量大幅下降后快速增长，呈 U 形曲线。因非洲猪瘟传播速度快、致死率高，2019 年全国生猪出栏量同比下降 21.6%，仅为 54419.2 万头，下降幅度较大。2020 年，受非洲猪瘟及新冠疫情的双重影响，全国生猪出栏量在 2019 年的基础上继续下降，全年生猪出栏量仅有 52704 万头，同比下降 3.2%，是自 2006 年以来生猪出栏量的最低值，但下降幅度低于 2019 年；全年猪肉产量 4113 万吨，同比下降 3.3%，中国猪肉产量仍然占 2020 年全球猪肉产量的 42%。因生猪供给大幅减少，猪肉价格创历史最高值。为平抑猪肉价格、满足居民猪肉需求、增加生猪供给量，政府一方面扩大猪肉进口，另一方面出台增加生猪供给的相关政策，且放宽了环保管制。2021 年生猪出栏量大幅增长，全年生猪出栏量达到 67128 万头，同比增长 27.4%；年末生猪存栏量为 44922 万头，同比增长 10.5%，生猪出栏量与存栏量在波动中均呈现明显的增长势头，导致生猪市场供大于求。

随着我国生猪产量的不断变动,其在全球生猪总产量中的占比也在波动中不断变化。2006—2021年中国生猪产量占全球生猪总产量的比重如图3-2所示。

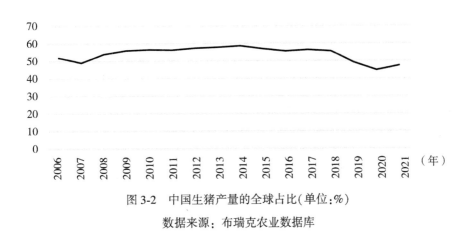

图3-2 中国生猪产量的全球占比(单位:%)

数据来源:布瑞克农业数据库

2006年中国生猪产量占全球总产量的比重为51.96%,2007年由于生猪出栏量的下降,中国生猪产量占全球总产量的比重降为49.03%。自2008年至2014年,中国生猪产量占全球总产量的比重持续攀升,由2008年的53.98%不断提高到2014年的58.61%。从2014年至2020年中国生猪产量占全球总产量的比重总体呈现下降趋势,由2014年的58.61%下降到2020年的44.68%,其中2018年至2020年下降趋势明显,这与对应年份中国生猪出栏量的变化相一致。2021年中国生猪生产恢复增长,产量占全球总产量的比重上升到47.34%。从总体看,中国生猪产量占全球总产量的比重一直较大,在50%左右浮动。

(2)生产成本结构

生猪产业快速发展过程中,生猪养殖成本结构发生了较大变化。2010年、2020年生猪养殖成本结构分别如图3-3和图3-4所示。饲料成本由2010年的56%下降到2020年的33%,饲料利用率明显提升;仔猪成本上升幅度较大，由 2010 年的 21% 提高到 2020 年的 46%；而人力成本与其他成本变化幅度不大。

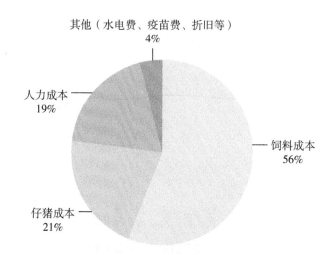

图 3-3　2010 年生猪养殖成本结构

数据来源：根据《全国农产品成本收益资料汇编（2011 年）》的数据计算

2010 年至 2020 年，生猪养殖总成本大幅提高。小规模养殖成本由 2010 年的 1163.64 元/头上升到 2020 年 2781.48 元/头，中规模养殖成本由 2010 年的 1179.65 元/头上升到 2020 年 2725.68 元/头。人工成本及其他成本费用变化不大，成本升高的主要原因是 2020 年仔猪成本创历史新高。2019—2020 年生猪价位高、产业利润高，在成本高企的情况下，养殖户补栏积极性仍然较高，导致 2021 年生猪出栏量大幅增加。当前，玉米、小麦价格不断上涨，大幅提高了养殖成本。

生猪养殖成本波动影响较大。生猪是产值较大的农产品，以猪肉为原料深加工火腿、培根、罐头、猪胰岛素提取物等食品和药物，极大地提高了生猪产品的附加值，生猪产品市场已达到万亿规模。生猪产业链较长，上游涉及饲料加工、兽药疫苗，中游是生猪养殖行业，下游是屠宰以及食品加工行业。而长期以来生猪价格及养猪成本的频繁波动，给生猪养殖户

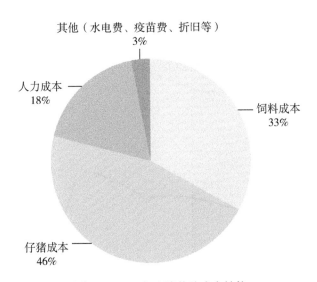

其他（水电费、疫苗费、折旧等）
3%

人力成本
18%

饲料成本
33%

仔猪成本
46%

图 3-4　2020 年生猪养殖成本结构

数据来源：根据《全国农产品成本收益资料汇编（2021 年）》的数据计算

以及养殖企业带来了极大的市场风险，并波及产业链上下游环节。

生猪生产技术水平偏低，导致养殖成本高。我国生猪生产的规模化程度较低，而分散化的养殖模式导致我国生猪生产技术水平与生猪产业发达国家相比较为落后，其中疾病控制、MSY（头均母猪年提供商品猪头数）等方面与发达国家相差较大（陈佳和余昌，2022），如图 3-5 所示，中国头均母猪年提供商品猪头数与美国相比一直存在较大差距，当前仍没有缩小差距的趋势与可能性，良种繁育技术是制约我国生猪产业发展的主要因素之一。因此，母猪年提供的商品猪头数较低，是我国生猪养殖成本高于其他国家的一个重要原因。

（3）生产规模

生猪养殖呈现规模化趋势。具体来看，散养户大幅退出生猪养殖市场，由 2010 年的近 6000 万户降到 2020 年的不足 2000 万户。2010 年我国生猪生产的规模化程度如表 3-1 所示。2010 年生猪年出栏 1~49 头养殖场（户）数为 59086923 个，占养殖户总数比重达到 95.71%，而 50 头以上的

图 3-5　中美 MSY 水平比较

数据来源：未来智库

养殖场(户)数 2648417 个，占养殖户总数比重为 4.29%，所占比重较低。

表 3-1　2010 年我国生猪生产的规模化程度

年出栏 (头)	场(户)数 (个)	占养殖户比重 (%)	占规模户比重 (%)
1~49	59086923	95.71	—
50~99	1685279	2.7298	63.6334
100~499	742772	1.2032	28.0459
500~999	145175	0.2352	5.4816
1000~2999	53876	0.0873	2.0343
3000~4999	11721	0.019	0.4426

年出栏 （头）	场(户)数 （个）	占养殖户比重 （%）	占规模户比重 （%）
5000~9999	5915	0.0096	0.2233
10000~49999	3558	0.0058	0.1343
50000 头以上	121	0.0002	0.0046

数据来源：《中国畜牧业年鉴 2011》

表 3-2 报告了 2020 年我国生猪生产的规模化程度。与 2010 年生猪生产的规模化程度比较，2020 年发生较大变化。一是年出栏 1~49 头的养殖户数量大幅度减少，由 2010 年的 59086923 个减少到 2020 年的 19489215 个，占养殖户总数的比重由 2010 年的 95.71%降为 2020 年的 93.8%；二是年出栏量 3000 头及以上的养殖户数量由 2010 年的 21315 个增加到 22594 个，增长了 6%，特别是年出栏量 50000 头以上的养殖户数量呈现显著增长，由 2010 年的 121 个增加到 2020 年的 554 个，增加了 3.58 倍。规模化养殖是生猪产业发展的趋势，产业政策对养殖规模结构变化起到一定作用（黄炳凯等，2021）。

长期以来我国生猪养殖行业规模化程度不高，但以前家家户户养猪的现象已经较为少见。目前养殖户数量仍然较大，随着生猪价格波动，养殖户短期逐利，快进快出生猪市场，这导致生猪的养殖规模极其不稳定。2018 年非洲猪瘟疫情对我国生猪养殖业产生较大冲击，由于养殖户的疫病防控能力较弱，与大规模化生猪养殖公司相比养殖户受疫情影响较大，而规模化养殖公司具有资金、技术和人才方面的优势，受到疫情冲击较小。

为促进生猪养殖规模扩大，国家出台多项扶持政策，如规模养殖公司贷款贴息、规模化养殖补贴、新建圈舍补贴等。经过 10 年的发展，虽然规模化程度大幅提高，但是相比发达国家工业化养殖规模，存在不小的差距，规模化程度仍有较大的提升空间。近年来，大型养殖公司依托资金、技术优势及政策支持，纷纷在多地建立生猪养殖场。规模化养殖能有效提高资源配置效率,在疫病防控和生猪质量提升等方面均具有明显优势(张园园等,2019)。

表3-2 2020年我国生猪生产的规模化程度

年出栏 (头)	场(户)数 (个)	占养殖户比重 (%)	占规模户比重 (%)
1~49	19489215	93.8001	—
50~99	710439	3.4193	55.1511
100~499	415613	2.0003	32.2639
500~999	92176	0.4436	7.1556
1000~2999	47346	0.2279	3.6755
3000~4999	11804	0.0568	0.9163
5000~9999	6507	0.0313	0.5051
10000~49999	3729	0.0179	0.2895
50000头以上	554	0.0027	0.0430

数据来源:《中国畜牧兽医年鉴2021》

3.1.2 中国猪肉消费需求情况

首先,猪肉消费趋势先增加后减少。改革开放以后,物资供给增加,吃肉凭票时代结束,受到经济高速发展和食品消费结构升级的影响,从"买肥肉"向"买瘦肉、雪花肉、排骨"转变,猪肉需求量不断增加,品质要求越来越高。随着城乡居民生活水平不同程度的提高,肉类消费量呈现差异化增长态势。如表3-3所示,1995年中国城镇人均猪肉消费量为17.2kg、2010年为20.7kg、2018年为22.7kg、2020年为19.0kg,城镇猪肉人均消费量增长缓慢,并有减少趋势。而同期农村猪肉人均消费量增长较快,但同样呈现先增加后减少趋势。1995年农村人均猪肉消费量为10.6kg,2010年为14.4kg,2018年为23kg,2020年为17.1kg。从表3-3

数据可以看出猪肉在中国城乡居民肉类消费中占绝对优势，城乡之间人均肉类消费数量的差距在不断缩小。这一变化趋势不仅与猪肉价格变化有关，还和猪肉消费需求有关。

表3-3　1995—2020年中国城乡居民人均肉类消费数量(单位：kg)

年份	城镇居民				农村居民			
	猪肉	羊肉	牛肉	禽肉	猪肉	羊肉	牛肉	禽肉
1995	17.2	1.0	1.5	4.0	10.6	0.4	0.4	1.8
2000	16.7	1.4	2.0	5.4	13.4	0.6	0.6	2.9
2005	20.2	1.4	2.3	9.0	15.6	0.8	0.6	3.7
2010	20.7	1.3	2.5	10.2	14.4	0.8	0.6	4.2
2014	20.8	1.2	2.2	9.1	19.2	0.7	0.8	6.7
2015	20.7	1.5	2.4	9.4	19.5	0.9	0.8	7.1
2016	20.4	1.8	2.5	10.2	18.7	1.1	0.9	7.9
2017	20.6	1.6	2.6	9.7	19.5	1.0	0.9	7.9
2018	22.7	1.5	2.7	9.8	23.0	1.0	1.1	8.0
2019	20.3	1.4	2.9	11.4	20.2	1.0	1.2	10.0
2020	19.0	1.4	3.1	13.0	17.1	1.0	1.3	12.4

数据来源：《中国统计年鉴》(1996—2021)

其次，猪肉消费需求发生变化。中国是猪肉消费大国，中国居民对猪肉的偏爱深深烙印在中国传统饮食文化之中。由于中国肉类进出口量在总消费量中所占比例较小，因此，肉类消费量和生产量基本持平。近两年因生猪供给严重不足，进口猪肉量大幅增加(李国祥，2019)，但我国猪肉消费主要以自给自足为主，进出口所占比例较少，自给率较高。猪肉需求弹性小，作为生活"必需品"，猪肉消费仍存在刚性需求(胡浩和戈阳，2020)。在畜禽肉类消费中，猪肉消费数量仍占一半以上。

我国是城乡二元经济结构，由于城乡收入水平存在一定差距，城镇居

民和农村居民肉类消费结构也存在差异。城乡居民肉类消费结构如表 3-4
所示，2006 年城镇居民猪肉消费占肉类消费的比重为 62.27%，农村占比
75.27%；2011 年城镇居民猪肉消费占肉类消费的比重为 58.66%，农村占
比 69.13%；2016 年城镇居民猪肉消费占肉类消费的比重为 58.45%，农村
占比为 65.38%；2020 年城镇居民猪肉消费占肉类消费的比重为 52.05%，
农村占比为 53.77%，城镇居民猪肉消费比重小于农村居民。

　　猪肉在城乡居民肉类消费结构中的占比在波动中不断下降，牛羊肉消
费占比变化不大，而禽肉在肉类消费结构中的占比在波动中不断增加。城
镇禽肉消费占肉类消费比重由 2006 年的 25.97% 增长到 2020 年的 35.62%，
农村禽肉消费占肉类消费比重则由 2006 年的 17.09% 增长到 2020 年的
38.99%。从表 3-4 中也可以看出城镇肉类消费结构优于农村肉类消费结构
（禽肉属于白肉，更有利于健康），但这种差距在逐渐缩小。我国对肉类的
需求量不断增加，肉类消费结构持续优化。猪肉在 CPI 中的权重从 2011 年
的 3% 下降到 2019 年 6 月的 2.13%，所占比例虽然有所降低，但其在我国
肉类消费中的地位仍难以撼动（卢艳平，2020）。

表 3-4　城乡居民畜禽肉类消费结构（单位：%）

年份	城镇居民				农村居民			
	猪肉	羊肉	牛肉	禽肉	猪肉	羊肉	牛肉	禽肉
2006	62.27	4.27	7.50	25.97	75.27	4.38	3.26	17.09
2007	57.26	4.21	8.14	30.38	71.34	4.43	3.53	20.60
2008	62.74	3.97	7.23	26.06	69.13	3.99	3.06	23.83
2009	59.13	3.81	6.86	30.20	71.30	4.14	2.86	21.72
2010	59.71	3.60	7.29	29.41	72.00	4.00	3.15	20.85
2011	58.66	3.36	7.88	30.11	69.13	4.41	4.70	21.76
2012	59.37	10.43	—	30.20	69.06	4.50	4.89	21.53
2013	64.15	3.46	6.92	25.47	71.27	2.61	2.99	23.13
2014	62.46	3.60	6.60	27.32	70.07	2.55	2.91	24.45

续表

年份	城镇居民				农村居民			
	猪肉	羊肉	牛肉	禽肉	猪肉	羊肉	牛肉	禽肉
2015	60.88	4.41	7.06	27.65	68.88	3.18	2.82	25.09
2016	58.45	5.16	7.16	29.22	65.38	3.85	3.15	27.62
2017	59.71	4.64	7.54	28.16	66.55	3.41	3.07	26.96
2018	61.85	4.09	7.36	26.70	69.49	3.02	3.23	24.17
2019	56.39	3.89	8.06	31.67	62.35	3.09	3.70	30.86
2020	52.05	3.84	8.49	35.62	53.77	3.15	4.09	38.99

数据来源：根据《中国统计年鉴》(2007—2021)数据整理计算

中国猪肉消费需求的变化是由多方面因素造成的。随着城乡居民收入水平的不断提升，中国居民消费结构发生了巨大的变化，肉类消费多元化趋势不断增强，肉类产品消费结构也有了较大的调整。随着居民生活水平及受教育水平的不断提高，消费理念也发生了较大改变，对肉类的营养均衡需求愈发明显，这导致其他肉类的消费增长，肉类消费正趋于多元化。农业农村部、国家统计局等五部门的统计数据表明：2020年全年猪肉产量较往年大幅降低，价格翻倍提高，猪肉消费量相应减少，家庭年人均猪肉消费量仅18.17kg，更多居民消费猪肉替代品，一定的程度上诱发替代品价格提高；2021年猪肉价格下行，居民家庭年人均猪肉消费量25.2kg，同比增幅高达38.7%。由于城乡恩格尔系数的差距，较高收入水平的城镇居民消费结构升级，家庭猪肉消费量有所减少，收入偏低的城镇居民及农村居民，猪肉消费量增加。猪肉消费需求正由量向质发生变化，居民的有机猪肉、绿色猪肉等高端猪肉需求欲望强烈，潜在需求量大（李文瑛等，2018）。

再次，猪肉进口量发生变化。2009年以前，我国是猪肉净出口国，2009年以后转为猪肉净进口国。2018年爆发的非洲猪瘟导致我国猪肉供给大幅降低，猪肉产量不能满足居民需求，需要进口猪肉填补供需缺口。随着生猪产能的恢复，2021 年猪肉进口量有所下降，进口总量为 371 万吨，比 2020 年减少了 15.5%。近些年我国生猪及猪肉出口量极小，出口地主要是中国香港，猪肉进口数量整体呈增加趋势，如图 3-6 所示。我国猪肉进口来源国比较集中，主要是丹麦、法国、西班牙、加拿大、美国等，2020—2021 年从西班牙、丹麦进口猪肉数量大幅增加。

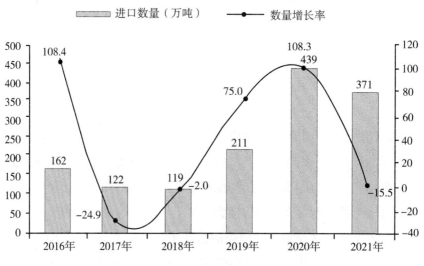

图 3-6　2016—2021 年中国猪肉进口量及增长情况

数据来源：海关总署

国家通过调整关税税率调节猪肉进口量。多年来进口猪肉到岸价格低于国内猪肉价格，有时甚至低于生猪价格，2021 年 6 月进口猪肉价格是全年最高值，达到 19.13 元/kg。2021 年 10 月，进口猪肉价格 15.08 元/kg，同期生猪价格探底，国内猪肉价格为 19.20 元/kg，仍高于进口猪肉价格。因为国内外猪肉价格差较大，多个国家获批向我国出口猪肉的资格。2020 年 1 月 1 日起，为扩大猪肉进口，临时将猪肉进口关税税率从 12% 调整到 8%。因 2020 年生猪产能迅速提升，2021 年第二季度生猪价格快速下跌，为稳定生猪生产和价格，2022 年 1 月 1 日起，猪肉进口关税税率由 8% 恢复到 12%。猪肉进口量在总消费量中占比较低，2020 年进口猪肉 439.22

万吨,仅占当年猪肉消费总量的 8%。进口猪肉对满足居民需求发挥了一定的作用,扩大猪肉进口量,可有效利用国外资源(进口猪肉,相当于进口水资源及土地资源),还可以减轻饲料供给及环保压力,尤其是减少大豆对外依存度,促进生猪产业结构调整。

3.1.3 中国生猪价格波动

商品价格波动是正常的市场现象,但中国生猪市场价格频繁大幅波动,尤其是最近一轮超强周期性波动,对生猪产业发展影响深远。本书截取 2006 年 6 月—2021 年 6 月生猪价格月度数据,数据通过定基 CPI 处理,剔除通货膨胀因素对生猪价格的影响。2021 年第二季度生猪价格开始大幅走低,养殖户亏损严重,一批自繁自养养殖户开始处理能繁母猪,减少生猪产能,因为信息不对称,众多养殖户的减产行为势必为生猪供给埋下隐患。2022 年 3 月中旬,生猪价格已经破 6,即每千克生猪价格低于 12 元,为抑制生猪价格下跌,本年度内国家已经启动第三批猪肉收储工作。生猪价格波动影响之深远、政府高度之重视得到显著体现,也说明了生猪供给的脆弱性。生猪产业稳定发展是保障猪肉供给的根本,进口猪肉虽然能满足一定量的需求,但进口量在总消费量中占比较小。满足居民猪肉消费需求,生猪产业稳定发展、实现 95% 左右的自给率是强有力的保障。

(1)生猪价格波动特征

首先,生猪价格呈现季节性波动。由于原序列具有明显的季节性、趋势周期性及不规则性,利用 X-12 季节调整乘法模型,对 2006 年 6 月至2021 年 6 月生猪价格进行分解,得到季节调整后的成分、季节因子成分、趋势周期成分。2006—2021 年生猪价格季节波动如图 3-7 所示。

生猪价格存在季节性波动,季节振荡幅度在逐年递增。15 年间,生猪价格季节性指数年度极差逐年增加,由 2006 年的 12.27% 升至 2021 年的192.08%,这表明生猪价格季节性波动持续增强。2006—2009 年生猪价格波动的波峰一直为年底,2006—2013 年呈现明显的双波峰态势,2018—2021 年生猪价格波动呈现三个波峰,波动幅度大,这是本轮超强猪周期的体现。

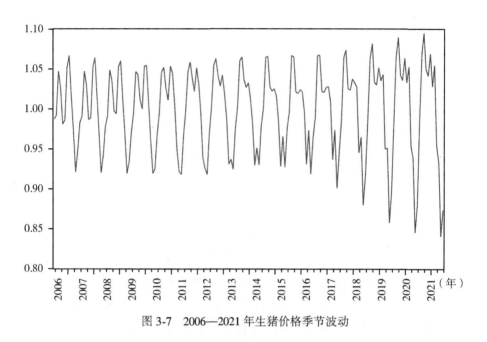

图 3-7　2006—2021 年生猪价格季节波动

2006—2016 年，除 2012 年、2013 年以外，波峰均出现在第四季度，波谷在第二季度，2006—2011 年波谷均在 5 月，2012—2014 年波谷在 4 月，2015 年、2016 年的 3 月和 5 月均出现波谷（李文瑛和宋长鸣，2017）。2018 年、2019 年、2020 年最高波峰均出现在 9 月，波谷均出现在 5 月。依据这 15 年的数据可知，一年内生猪低价位大概率出现在 5 月，高价位出现在 9 月和 12 月。季节波动特点与居民猪肉需求的季节性有关，最近一轮生猪价格大幅波动，除季节性消费影响以外，还受到生猪供给的影响。

其次，生猪价格呈现周期性波动。"猪周期"是中国生猪产业发展中表现最突出的特征，每隔 3~4 年就会出现一次"猪周期"。"猪周期"的循环波动轨迹一般是：猪价上涨—能繁母猪存栏量增加—仔猪供应增加—生猪供应增加—猪价下跌—能繁母猪存栏量减少—仔猪供应减少—生猪供应减少—猪价上涨，生猪生产与价格波动周期如图3-8所示（徐紫艳，2014；李文瑛和宋长鸣，2017）。

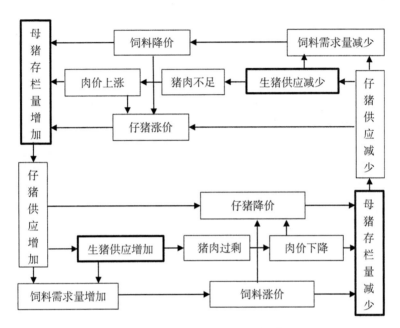

图 3-8   生猪生产与价格波动周期

自 2006 年以来生猪价格波动幅度大，特别是 2018 年以来，受非洲猪瘟及新冠双疫情叠加影响，形成史上最强猪周期，如图 3-9 所示。从图 3-9 可以看出，2018 年 5 月中旬生猪价格下降到谷底，2019 年年中价格开始强势上涨。

生猪价格既有波动成分又有趋势成分，为剔除趋势成分，有多种方法。其中对通过 H-P 滤波方法得到的周期成分 C_t 进行 ADF 检验，周期成分 C_t 是平稳的，该周期成分能够比较真实地反映生猪价格波动的周期特征（David，1998；李剑等，2013）。波动周期过程可分解为"上涨期""触顶期""下跌期"和"触底期"四个阶段，如图 3-10 所示，下跌持续期长于上涨期，触底期价格小幅震荡、徘徊时间长，而触顶期持续时间短（李文瑛和宋长鸣，2017）。生猪价格暴涨暴跌，养猪市场风险很高。

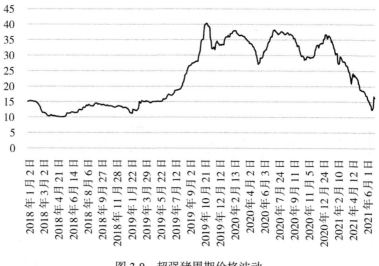

图 3-9　超强猪周期价格波动

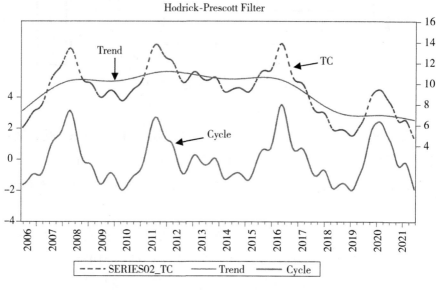

图 3-10　2006—2021 年生猪价格趋势周期

　　根据 15 年的生猪价格周期波动情况来看，最近一轮的生猪价格上涨期时间较长，从图形趋势分析，2021 年年初生猪市场又进入新的价格下跌周期。在过去幅度较大的波动周期中，市场对生猪价格有上涨预期，养殖场户和其他社会资本涌入市场，市场上生猪供应量迅速增加，导致2021年第二季度末生猪价格大幅下跌。

生猪价格呈波动状态，长期看来没有明显上升趋势。由图3-10可知，生猪价格波动周期显著，且有上升趋势，这与生猪养殖成本有关。但最近一轮猪周期因供给量太大，即使成本大幅增加，价格也依然走低，导致养殖户亏损严重。猪饲料主要成分：豆粕占25%，玉米占65%，麸皮占6%，多维多矿（预混剂）占4%，玉米在2015年7月前价格处于高位，之后开始下降，2017年低价位后又开始上涨，2021年5月达最高值3085元/吨；麸皮以及多维多矿精饲料价格处于平稳上涨态势；豆粕价格波动较大，如2019年3月中旬2517.6元/吨，受生猪价格上涨拉动，价格持续走高，2021年1月末则达4054.5元/吨。在2020年2月末仔猪价格每头突破1000元，2020年8月末突破2000元，高达2007.8元/头。玉米、豆粕、仔猪价格上涨叠加，极大地拉高了生猪养殖成本。

近几年我国一般劳动力人口红利逐渐消失，劳动力成本进入缓慢上升期，生猪养殖户的机会成本及雇佣劳动力成本不断加大，致使生猪养殖成本增加，对生猪价格波动客观上设定了下限。因此，养殖户必须通过生猪价格调整来消化养殖成本的上升，从长期来看，生猪价格将处于上涨态势。

（2）生猪价格波动与传导

生猪市场机制不断完善，市场价格波动并且沿产业链非对称传导。中华人民共和国成立初期我国对粮、油、棉、猪等大宗农产品实施统销统购政策，对农产品进行计划收购和计划供应。改革开放初期，大宗农产品开始实行"双轨制"，后来随着国家政策调整，农产品流通市场机制开始形成，逐步确立了以市场为导向的流通机制。市场机制下，生猪市场价格是反映生猪产业发展状况的重要维度之一（王刚毅等，2018），价格依据市场供求发生变动，引导资源配置，从而进一步刺激决策行为人调节生产量以适应市场需求的变化。早在1995年，中国农村经济学家宋洪远研究员分析了市场粮食价格与粮食生产周期，并以此为基础分析棉粮比价、油粮比价波动及由此引起的生产变动情况，一直以来，农产品价格和生产周期问题是经济生活中突出、敏感且复杂的问题。农产品价格风险从其特征来看具有长期性风险，这种风险是随着我国经济体制市场化而产生的。农产品价格风险还存在连锁性特点，农产品价格的波动会影响生产经营者的收益，从而进一步影响上下游产业链的稳定发展。张峭等（2010）运用 VAR 方法度量农产品市场风险，发现我国畜产品市场风险较大而猪肉市场风险程度远高于其他畜产品。成本、猪肉进出口量、调控政策、突发公共卫生事件等均影响生猪价格波动，并沿产业价值链非对称传导（赵辛，2013；董晓霞，2015；于爱芝和杨敏，2018）。生猪价格波动诱因与传导途径如图 3-11 所示。

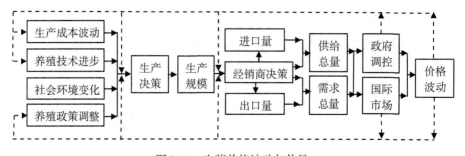

图 3-11 生猪价格波动与传导

2006 年以来，我国生猪生产价格涨跌幅度较大，发生多次异常波动。2006—2021 年生猪价格波动情况如表 3-5 所示，从波动周期可以发现，生猪价格波动周期延长，波动幅度增大。生猪疫病等突发事件给养殖户带来不确定性影响，推动了生猪价格周期变化（王明浩，2021）。受到环保政策、非洲猪瘟和新冠疫情等因素的影响，生猪出栏量和产能减少，导致最近一次周期波动幅度最大。低谷期养殖户持续亏损，高峰期获取高额利润，盈利与亏损之间没有对称性。

表 3-5 2006—2021 年生猪价格波动情况(单位：元/kg)

周期	趋势	周期时间	持续时间	最高值	最低值
第一轮周期	上行周期	2006.06—2008.02	21 个月	17.09	6.76
	下行周期	2008.03—2010.04	26 个月	17.45	8.98
第二轮周期	上行周期	2010.05—2011.07	15 个月	19.61	9.70
	下行周期	2011.08—2014.04	33 个月	19.92	10.45
第三轮周期	上行周期	2014.05—2016.06	26 个月	21.20	10.01
	下行周期	2016.07—2018.04	22 个月	19.14	10.10
第四轮周期	上行周期	2018.05—2021.03	35 个月	38.32	24.99
	下行周期	2021.04 至今	——	——	——

数据来源：根据布瑞克农业数据库数据整理

2019 年生猪价格上涨，2020 年呈波动状态。2019—2020 年中国生猪平均价格波动走势如图 3-12 所示。从 2019 年 1 月至 11 月生猪价格持续上涨，平均价格从 12.37 元/kg 持续升高，日价格一度涨到 40.97 元/kg。

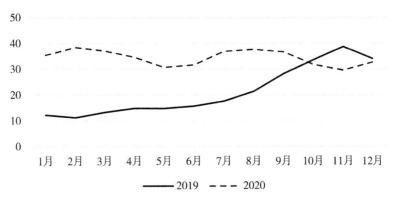

图 3-12 2019—2020 年中国生猪价格波动走势(单位：元/kg)

数据来源：布瑞克农业数据库

受 2019 年第四季度生猪价格高企的影响，2020 年全国生猪平均价格持续高位运行，基本稳定在 30 元/kg 到 40 元/kg 之间。而 2018 年部分地区生猪价格一度跌破 10 元/kg，接近养猪户的盈亏线。生猪价格的大幅波动，给市场带来诸多不稳定因素，"猪贱伤农"，价格周期性变化影响养殖户的收益，进一步影响整个生猪产业的稳定发展。

猪肉作为居民主要"菜篮子"产品，生猪价格波动不仅影响到养殖户的收益，更会影响物价水平及 CPI 指数，其重要性不言而喻。价格风险是影响生猪产业发展的重要因素。学者们从不同视角、利用多种方法对生猪价格波动特征、传导、预警等方面开展研究。研究表明趋势因素、周期因素、季节因素、偶发因素、货币因素这五个方面是影响我国生猪价格波动的主要因素。随着生猪养殖规模化水平的提高，生猪商品化程度极高。生猪价格由市场自由调节，政府利用产业政策宏观调控、间接引导。近年来生猪价格大幅波动，在市场机制下影响养殖户的生产决策行为，符合猪周期的蛛网理论模型。

生猪价格周期性波动与生长周期有关。母猪备产需要 8 个月，妊娠 4 个月，仔猪育肥一般 6 个月。生猪价格上涨会刺激养殖户的生产积极性，为追求利润，养殖户增加存栏量。因生猪生长周期长，价格上升后，产量增加具有滞后性，众多养殖户在高收益诱导下扩大存栏量，供给增加。反之则相反，如图 3-13 所示。

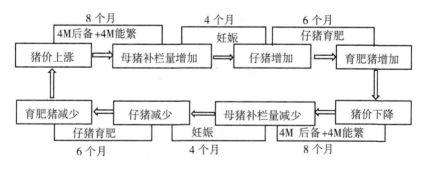

图 3-13　生猪生长周期与蛛网模型的形成

3.2　生猪养殖户面临的环境约束

生猪产业经过多年发展，养殖户所处的生存环境发生很大变化。猪肉需求方面，因我国多年的经济发展，居民生活水平大幅提升，肉类由奢侈品变为普通生活品，需求结构发生变化，前文已经进行了分析。生猪养殖受政策、竞争状况、市场风险等因素的影响，生猪养殖产业也在悄然发生改变。生猪养殖户受到环境约束，面临着众多风险与挑战。

3.2.1　市场竞争激烈

生猪养殖主体众多，规模差别大，各类主体竞争力及竞争优势也不同。我国生猪产业链涉及多个行为主体，关系复杂(张喜才和张利庠，2010)。产业链主体之间、市场势力之间存在较大的差别，生猪产业链主体之间面临着风险承担和信息不对称等经济特性问题。生猪产业链主体众多导致市场竞争激烈。我国生猪养殖户数量大，养殖规模小且集中度低，市场竞争能力弱，在生猪产业链中处于弱势，面临着国内、国外两个市场的竞争。

2019年生猪价格大涨，生猪产业外部的企业扎堆进入生猪养殖业。生猪市场的极大盈利空间吸引更多企业与资本投入生猪养殖业，这无疑加剧了市场竞争，给中小生猪养殖户带来了巨大的压力。众多投资者关注生猪产能供应缺口和中国生猪市场的需求，互联网企业、房地产企业等也布局生猪养殖业，生猪养殖行业中各大企业不断扩张产能，中小规模养殖户的生产积极性空前高涨，头部企业积极争夺生猪产业市场与资源，生猪养殖业快速扩张，导致生猪产能过剩，造成生猪市场供过于求，进一步加剧了市场竞争，引发2021年生猪价格的不断下跌。

近年来"公司+农户"生猪养殖模式逐步发展，生猪养殖行业结构发生了改变，规模化程度有了很大的提升。资本和技术创新驱动是未来生猪养殖业发展的动力，养殖主体缺少资本难以实现规模养殖，争夺国内市场乏力。生猪产业布局有了很大改变,开始进行新一轮"洗牌",生猪养殖朝着集约化、规模化方向发展(王芳和石自忠,2021)。国内和国际生猪市场的联系日益密切(喻龙敏和付莲莲,2022),进口猪肉的价格优势突出、成本较低,国内生猪在国际市场上竞争力小(郑瑞强和翁贞林,2016)。由于猪肉进口关税的降低以及国内市场需求的增加等因素影响,猪肉进口的数量将会进一步增加,我国进口猪肉的数量会保持在高位并且不断冲击国内生猪市场,增加生猪市场竞争的激烈程度。

3.2.2　生产空间缩小

生猪养殖环境问题日益突出,受到政府及社会的高度关注。按照中国每年出栏 6 亿头生猪估算,一年所产生的排泄物约有 12 亿吨(汪玲,2022),对环境造成了严重的负担。生猪养殖所产生的废弃物和环境污染给生态环境带来破坏的同时,也制约着生猪产业持续发展。生猪养殖业是我国最大的氧化亚氮污染源,生猪养殖所产生的粪便污染缺乏足够的土地消纳(陶红军和谢超平,2016),粪污量超过土壤承受能力时,土壤的性能和生态环境将会遭受破坏。此外,粪便长时间堆积也会产生异味,污染大气环境。生猪养殖产生的污水流入河流,造成河流氮磷等物质含量超标。生猪疫病是生猪养殖最大的危害之一,生猪的排泄物含有病原微生物等有害物质,通过空气传播会导致生猪疫病大面积爆发,给生猪养殖业发展带来极大的风险。随着近年来我国生猪产业发展速度的加快,生猪养殖开始向集约化模式转变(张郁等,2015)。

环保政策收紧导致生猪养殖生产空间缩小。由于国家加大对生猪养殖环境的管理,出台了一系列环境政策法规,严格界定畜禽养殖禁养区、限养区、适养区范围。生猪养殖的产业布局和环境规制的空间相关性较强且存在地区异质性(周建军等,2018)。生猪养殖行业存在"污染避难所效应",生猪环境规制受到当地经济发展水平和环境管理水平的影响。环境规制强度对生猪产量产生负向影响,环境规制强度越大生猪产量越小(谭莹等,2021)。环境规制较强的地区,生猪产业发展受到严格的限制,生猪出栏量较小,生猪养殖结构受到环境规制而产生变化。环境规制不仅仅会影响生猪养殖产业的发展,还会直接影响养殖户的养殖成本和生猪市场的发展(曾昉等,2021)。伴随着国家农业绿色化发展的推进,各地政府对环境保护的要求显著提高,规模化生猪养殖环境效率对空间存在显著的收敛效应(刘春明、周杨,2020)。由于国家关于生猪养殖的环保政策持续收紧,禁养区不允许养殖生猪,生猪产业格局发生改变,生猪生产空间不断缩小,增加了生猪的养殖成本,众多无法满足绿色养殖条件的养殖户被迫退出养殖业,本轮猪周期影响因素复杂,涨跌的速度和波幅远超以往。

3.2.3 养殖风险大

生猪养殖风险主要包括市场风险和疫病风险等。市场风险是指生猪生产在实际运转过程中受到外部社会经济环境或偶然性因素的影响,导致市场发生变化,生猪收益产生背离预期的可能性。市场风险主要表现为投入品及生猪价格波动风险,即一定的时期内价格低于养殖成本。疫病风险表现为各类疫病爆发导致生猪产量减少,价格下降和产量降低会直接导致养殖户收入大幅缩减。市场经济的发展使社会分工越来越细,多种产业链变长且复杂。在市场经济形态下,供求、经济周期性等均会对整个产业的经济运行起到决定性作用,蕴藏较大的市场风险,生猪产业也是如此。生猪的生产和流通有其独特性,生猪产业所面临的价格风险也有其显著的特点,波动幅度大是生猪价格风险的特征之一。生猪市场价格波动频繁,这在一定程度上反映了价格调控机制配置资源存在市场失灵现象。生猪市场的供给弹性大于需求弹性,当生猪的供给和需求发生变化时,都会致使生猪价格产生大幅度的波动。

生猪养殖风险的另一体现是疫病导致生猪的死亡风险。2006年以来生猪疫病情况如表3-6所示。从表3-6中可以看出我国生猪疫病持续不断,尤其是2018年我国首次爆发"非洲猪瘟"重大动物疫情,对我国生猪养殖和猪肉供给造成巨大影响,生猪养殖业和相关产业遭受重创,间接推高CPI水平。

表 3-6　2006 年以来中国生猪疫病情况

时　间	生猪疫病类型及影响
2006 年	蓝耳病(全国性爆发)、高热病
2007 年	蓝耳病;暴雪降温导致仔猪冻死,MSY 下降
2008 年年底至 2009 年 3 月	干旱引发猪肺炎(华北地区)
2009 年 4 月至年底	甲型 H1N1 流感在世界多国爆发;蓝耳病、猪瘟(长江中下游、华北、东北地区);口蹄疫、腹泻等(全国)
2010 年 1—9 月	高热、口蹄疫、猪瘟(母猪发病率、流产率高,配种率低)
2011 年年底至 2012 年年底	腹泻病(PSY 下降)、伪狂犬和高热病大面积爆发
2014 年下半年	全国各地出现 A 型口蹄疫疫情
2015—2017 年	季节性仔猪腹泻、成猪红痢、猪瘟、蓝耳、高热病、口蹄疫等疫病零星发作
2018 年 8 月至今	非洲猪瘟、季节性仔猪腹泻、蓝耳、高热病、口蹄疫等疫病零星发作

生猪养殖业面临非洲猪瘟疫情、环境保护等新形势挑战,中国生猪生产、猪肉贸易、消费结构、价格周期等发生深刻变革(朱增勇等,2019)。生猪疫情造成 2019 年我国生猪产能出现了断崖式下滑(李鹏程和王明利,2020)。与口蹄疫、蓝耳病、禽流感等疫病不同,非洲猪瘟致死率很高,冲击力更大,影响程度极深。非洲猪瘟导致生猪供给量大幅减少,猪肉价格翻倍上涨,增加了城乡居民的生活成本。在很短的时间内非洲猪瘟从东北地区传染至中国各省区,部分养殖场户损失惨重,因生猪出栏量大幅减少进而导致猪肉价格出现异常波动(张红等,2020)。非洲猪瘟对生猪产业链的冲击程度在生猪产业链不同的环节、不同的省份之间存在明显的异质性,疫情的发生加剧了仔猪、生猪和白条猪肉市场的分割程度。对于非洲猪瘟疫情,我国虽然采取积极防控措施,但存在防控难点,这对我国生猪

产业和猪肉供给产生了冲击(聂赟彬和乔娟,2019;刘婷婷等,2020)。生猪疫病、环保政策、自然灾害等对生猪存栏量影响很大,导致供需失衡,存栏量是"猪周期"形成的主要因素,与生猪市场价格之间具有动态变化关系,外部冲击对生猪价格本身影响显著(张喜才等,2012;李鹏程和王明利,2020;于爱芝和王鹤,2016)。

3.2.4 产业政策不稳定

我国生猪产业还处在向规模化养殖的过渡阶段,生猪养殖受到市场价格波动影响较大,而价格波动的外部冲击除了疫病,还受到产业政策的冲击。2006年以来我国主要围绕稳定生产、保障生猪供给和疫病防控等方面出台多项生猪产业政策,包括生猪良种补贴、生猪调出大县奖励、生猪标准化规模养殖补贴、能繁母猪补贴、能繁母猪保险保费补贴、免疫疫苗补助、畜禽疫病扑杀补助、生猪信贷支持等生猪养殖支持政策。为促进生猪产业的转型升级与绿色发展,2006—2020年政府出台了涉及畜禽养殖业污染防治、畜禽养殖禁养区划定、环保税收等政策。在史上最严环保政策的高压下,禁养区内的生猪养殖被关停。由于非洲猪瘟的影响和环保压力大,禁养区外的高污染、低效率的许多小规模养殖户与养殖散户选择暂时退出或永久退出生猪养殖业,从而影响生猪产能,加剧生猪价格波动。

虽然生猪养殖调控政策数量不断增加,但这些政策未能形成完善的政策体系。临时性政策居多,并且政策边界不够清晰,政策之间缺少有效衔接,动态管理不足,导致生猪产业政策不稳定,再加上行政时滞和政策干预不科学等,生猪生产与价格调控难以达到预期效果(王宏梅和孙毅,2020)。近几年来,在严格的环保规制下生猪产业布局调整对生猪产业的稳定发展造成强烈冲击,养殖户关停并转后恢复生产出现困难,过多的行政干预对养殖户的生猪生产产生负面影响,养殖户对生猪养殖前景信心不足。虽然猪肉收储制度、生猪良种补贴、能繁母猪补贴等宏观调控政策可以部分缓解市场波动风险,对猪肉价格波动起到抑制作用,但生猪养殖环境规制政策增加了生猪养殖成本,挫伤了养殖户的生产积极性,提高了猪肉价格波动率(王长琴和周德，2020；乔金亮，2022)。生猪价格受经济政策稳定性的影响较大，是引发生猪价格短期波动的重要因素；经济政策稳定性变差会对生猪价格造成负向冲击且影响深刻(郭婧驰和张明源，2021)。对于经济政策的不确定性冲击，生猪价格波动呈现出显著的实时性、周期性和负向性(张俊华，2019)。短期政策不能适应生猪产业的可持续发展要求，生猪产业需要长期、稳定、可持续的政策支持。

3.3　生猪养殖户决策行为特征

养殖户的决策行为特征与生猪生产存在深层关系。生猪生产关乎我国生猪市场供给稳定，生猪产量和质量决定我国生猪综合生产能力。生猪养殖户作为生猪市场的经济主体之一，在追求预期利益最大化的原则下做出生产与销售决策，进行生产资源配置。基于生猪产业发展状况，在生猪价格周期性波动和环境约束的背景下，研究生猪养殖户的决策行为特征具有现实意义。

3.3.1　决策行为的风险性

生猪养殖户在生产与销售决策过程中需要应对多重风险。风险主要包括价格风险、疫病风险、资金风险、技术风险等。价格风险和疫病风险是养殖户面临最大的两种风险，价格风险进一步诱发养殖户的资金风险。疫病爆发，生猪死亡，给养殖户带来直接经济损失。近年来，生猪养殖规模化程度不断提高，我国生猪养殖业从劳动力密集型向资本、技术密集型转变(郭利京和林云志，2020)。生猪养殖是生猪产业链中的劣势环节，面临着养殖周期长、投入高、市场风险大等问题，生猪养殖户为获得更大利益或减少损失，调整养殖量、进入或退出养殖市场。我国作为生猪生产和猪肉消费大国，从市场供给角度看，未来生猪产业必须走规模化、标准化发展道路。传统的生猪养殖方式面临着养殖场基础设施不完善、疫病防控体系不健全、饲养技术落后等一系列问题，抵御市场风险、疫病风险的能力很差。

近年来，散养户逐步退出生猪养殖市场，生猪养殖向规模化发展。在规模化养殖条件下，生猪产业链逐渐完善，如自繁自养养殖户，涉及仔猪繁育、商品猪饲养、饲料加工生产、生猪销售等供应链环节。以仔猪繁育环节为例，该环节需要专业技术和一定量的资金支持，以保障其具有较强的市场竞争力。生猪规模化养殖对资本、技术要求较高，需要资本支持运转，成本投入相对较大、养殖技术起点高。随着我国生猪养殖的资本和技术密集型转型加快，未来将会有大量社会资本涌入养猪业，生猪产业一体化将是资本养猪的主要业态。资本和技术密集型生产，是生猪养殖产业发展到成熟期的表现，中小养殖户仍然有生存空间，但规模化是生猪养殖发展趋势。处于动态约束环境下，养殖户在生产过程中面临的多重风险最终会影响养殖户的生产与销售决策行为。

3.3.2 决策行为的投机性

生猪养殖是生猪产业链的重要环节，在生猪养殖过程中养殖主体存在生产投机性行为。在生猪市场中，生猪养殖主体投机性更多地体现在生猪价格波动后的决策行为。2018年生猪价格在经历大幅下跌后暴涨，许多投资者在投机思维的引导下，看好生猪养殖业的未来发展潜力，众多互联网企业和其他行外企业开始进军生猪养殖行业。2019年生猪养殖高收益使生猪养殖户的生产积极性大幅提高，大型养殖企业和中小养殖户普遍存在扩大存栏量现象。

生猪价格波动幅度大为养殖户投机决策行为提供了可能性。随着我国市场经济的快速发展，生猪养殖行业处于自由竞争的市场环境下，市场灵活性较高，中小型养殖户由于信息不对称以及趋利性，容易产生追涨杀跌的生产投机性行为。在生猪养殖业发展过程中，市场价格波动始终存在，生猪养殖业受到"猪周期"影响较大。在市场环境中，生猪养殖户存在投机心理，通过调节生猪产量实现养殖利益最大化。生猪市场风险和养殖户的生产投机性行为加速了"猪周期"的循环，进一步推动生猪市场的价格波动和生产波动，不利于生猪产业的长期稳定发展。

3.3.3　决策行为的有限理性

因为生猪养殖户搜集的有效市场信息有限，存在信息不对称的现象，所以生猪养殖户生猪决策行为是有限理性的。生猪养殖存在较大的市场风险和生猪疫病风险，生猪养殖户作为生猪生产的行为主体，会以经济利益最大化为导向，依据预期生猪市场价格做出生产与销售决策（胡迪等，2019）。生猪产业存在的市场风险与养殖户行为之间存在密切联系。生猪产业的"市场失灵"和生猪养殖户的有限理性行为直接相关，再加上众多生猪养殖户存在投机心理，导致了生猪市场的不确定性进一步加强。

2018 年非洲猪瘟这一突发性疫情引发生猪价格波动幅度较大，给生猪养殖户带来了强烈冲击。生猪养殖户作为有限理性经济人，基于自己的能力、认知和有限的市场信息进行有限理性决策。为了降低市场风险，众多生猪养殖户纷纷采取减少生猪存栏量以降低经济损失，从而导致生猪产能大幅下降，生猪市场供给减少，引发 2019 年生猪价格持续上涨。猪价大涨刺激了养殖户的生产积极性，养殖户扩大生产规模，结果造成 2021 年生猪产能过剩，生猪市场供过于求，猪价走低，生猪生产波动加剧。

3.4　本章小结

本章首先对中国生猪供需及价格波动情况进行分析，其次梳理了生猪养殖户面临的环境约束，最后探究了养殖户决策行为特征。基于上述分析得出以下结论：

（1）我国生猪生产波动和价格波动显著，价格波动周期延长，波动幅度增大。我国生猪养殖的规模化程度逐步提高，猪肉在城乡居民肉类消费中占绝对优势。受非洲猪瘟疫情影响，2019—2020 年生猪出栏量减少，猪肉供给量降低。为弥补供需缺口，国家调整猪肉进口关税税率以扩大进口量，多批次投放储备猪肉，出台稳产保供政策。

（2）生猪养殖户面临市场竞争激烈、生产空间缩小、养殖风险高、产业政策不稳定等环境约束，这些环境约束影响生猪生产，进而影响生猪供给量。

（3）随着生猪养殖规模化程度不断提高，生猪养殖业结构逐渐发生改变，从劳动力密集型向资本、技术密集型转变。在生猪价格波动不断加剧的背景下，生猪养殖户的决策行为存在投机性和有限理性特征。

第4章　价格波动背景下生猪养殖户
生产意愿

生猪养殖户是最基本的微观决策单元，其生产意愿是影响生猪供给的关键。"史上最强猪周期"已经形成，持续近三年。生猪价格在高位运行的时间之久，持续涨幅之高，前所未有。生猪价格的不稳定性，实质上反映着养殖主体收益的不稳定性，从根本上制约着生猪产业增长、养殖主体增收。虽然养殖规模化程度在提升，牧原、双胞胎、新希望、温氏、正邦等大型养殖公司不断扩大养殖规模，但2020年出栏500头以上的养殖主体数量仍不足17万户，未达到养殖主体总量的1%，中小养殖户依然是生猪养殖主体的重要构成。养殖户较难获取准确的市场信息，在市场的预判能力方面也很弱(朱增勇，2021)。猪价高涨带来的高利润刺激养殖户生产意愿的形成；养殖户具有较强的风险回避心理倾向，亏损导致养殖户不愿意继续从事生猪养殖或缩小养殖规模。生猪既具有自然生长属性，又具有商品经济属性(宋冬林和谢文帅，2020)，价格波动背景下养猪户的选择意愿正是基于"二重属性"的一种"合理存在"。

为更深入地了解价格波动背景下生猪养殖户的生产意愿，本章基于计划行为理论，在分析养殖户生产意愿形成机理的基础上，探讨养殖户意愿的形成路径以及主要影响因素。

4.1　计划行为理论在行为意愿研究中的应用

Ajzen于1985年提出计划行为理论(Theory of Planned Behavior，TPB)，

并于1991年发表了以该理论命名的文章，对计划行为理论各个方面的研究（Ajzen，1985，1987）进行了回顾，标志着该理论研究成熟。计划行为理论在国外被广泛应用于学生教育、消费、交通、健康等多个行为研究领域，是社会心理学中著名的一般决策过程理论之一，详细论证了测量方法及决定行为意愿的三个变量：行为态度、主观规范和知觉行为控制（Ajzen，1991；段文婷、江光荣，2008）。2008年以后我国学者较广泛地应用计划行为理论开展行为研究，如消费行为、企业管理、农村社会养老保障行为、环境治理、教育、医学、金融、农户生产决策行为等多个领域。本章基于TPB理论，建立研究假设模型，对养殖户的行为态度、主观规范、知觉行为控制与养殖户生产意愿等抽象变量（潜变量）之间的相互作用关系进行研究，分析三要素对生猪价格波动背景下养殖户生产意愿的影响机理。

多名国内外学者基于计划行为理论研究安全食品（有机食品、绿色食品）选择意愿、支付意愿。他们关注食品食用价值（功利主义和享乐价值）和个人探索性购买行为特征（探索性信息寻求和探索性获取寻求）的作用，对受访者进行小型定性面对面（半结构化）访谈、线上线下问卷调研，并采用结构方程模型进行了验证，在基本和扩展TPB模型及理论框架下，态度、感知行为、感知价值对安全食品消费意向有影响，为全球消费者需要改变消费模式以应对气候挑战提供理论依据（Caliskan A.，et al.，2020；Alam S.S.，et al. 2020；祝丹妮，2020）。计划行为理论在绿色消费研究领域广泛应用，延伸至消费者较深层次的价值观层面和关联性认知层面，有效地解释说明消费者购买动机的转化心理过程，该理论应用价值得到验证，为政府和企业推动消费者的绿色购买行为提供理论基础（盛光华等，2019；Sadiq M.A.，et al.，2020）。

基于计划行为理论农户生产意愿的研究主要包括农户标准化生产、绿色生产、清洁能源利用、质量安全行为实施、畜禽废弃物处理、秸秆资源利用、耕地（宅基地）的转入、转出、托管等方面。从农户经济学特征、资源禀赋、社会学属性视角探究农户生产意愿，应用扩展计划行为理论或计划行为理论，研究表明，农户经济理性、非农收入占比、劳均耕地面积、劳动力人数、行为态度、主观规范、环境价值观、环境保护意识与可持续生产意愿之间有正向影响关系，影响程度大小不等(石志恒等，2020；徐迎军等，2014)。家庭经济收入水平、实惠的政策措施、农业废弃物循环利用以及农民文化素质等是生态农业发展壮大的重要因素(刘子飞，2017；李傲群和李学婷，2019)。农户知觉行为控制不足，政府应加强培训和提供针对性的服务(兰勇等，2020；杨柳等，2018)。我国养殖业脱胎于小农经济，随着经济发展及政策引导，规模化发展成果已经凸显，同时面临着现代化转型的困境，中小规模生猪养殖户受资源、环境、个体特征、家户特征等因素的影响，利用恰当的引导方式，可以增强小规模养殖户进一步扩大规模的意愿(兰勇和张愈强，2020)。

4.2　养殖户生产意愿形成机理及研究假设

4.2.1　养殖户生产意愿形成机理

我国农业发展与农业生产主体的经营方式变化直接相关。改革开放前，农户生产自给率高，随着社会进步、农业技术的推广与应用，农业生产专业化程度逐步提高。河南省养殖户生猪商品率接近百分之百。无论养殖户规模多大，均无法代替产品与要素价格体系作为向养殖户提供基本经济信息的手段。以市场为导向生产经营的养殖户对风险的认知与规避行为与传统的自给自足生产的养殖户有显著区别，其风险承担意愿主要表现为生猪价格波动背景下不同的风险态度。

根据计划行为理论，行为发生前，先有意愿的形成，即意愿是行为发生的前一个环节，意愿的形成预示着行为可能发生。特别是价格波动背景下生猪养殖这种有意识的行为，其关键在于养殖户是否愿意执行养殖行为，尽管从意愿到行为有诸多影响因素，且存在意愿与行为背离现象(龚继红等，2019；尚燕和熊涛，2020），在调研访谈中了解到生猪养殖户也存在此现象。鉴于此，对养殖户生产意愿的考察非常有必要。生猪养殖户具有一定的养殖经验，面临生猪价格、疫病、品质等风险，即使生猪养殖的固定投入具有资产专用性，无论是专营还是兼营养殖户，均有多种"求生存""求发展"方式可以选择：务工、种植、继续养殖等，养殖户的动机是不同的。人类的心理复杂多变，但一代代心理学家依然从中寻找到基本规律，发现影响行为意愿的主要因素。生猪价格波动背景下养殖户生产意向表现为生产的主观意愿，生产意愿越强，养殖户进行生猪生产的可能性越大。这种主观意愿受到养殖户对生猪养殖的行为态度、社会压力所导致的主观规范以及知觉行为控制的影响。

养殖户根据生猪价格波动情况形成行为信念。最近一次周期波动，受到环保政策、非洲猪瘟和新冠疫情的叠加影响，2020年生猪存栏量、出栏量和能繁母猪存栏量均大幅减少，同比减少了40%左右，致使产能降幅之深和价格涨幅之大前所未有，对养殖户心理冲击超过任何一个猪周期。为了生猪稳产保供，相关部门先后出台了19项扶持政策，养殖户的行为态度发生改变，生猪产能得到快速恢复，出栏量急剧攀升。生猪价格下跌的同时，饲料价格上涨，养殖户从"暴利时代"跌入"巨亏漩涡"。当前养殖成本上升，加之非洲猪瘟疫情的不确定性，养殖户以投机心态安排生产，使得供给的波动性增大。价格波动幅度及波动频率影响养殖户的态度。

任何一个经济社会都必然存在不同形式的具体约束规则或规范来制约和控制个人或集体行为。Fishbein和Aizen（1975）研究成果阐述了主观规范的内涵，其主要表现为个体在产生某种意愿，或发生某类行为时感官所感受到的来自外界的压力。这种压力一是来自相关群体的压力，二是来自规制禁止或允许等方面的压力。来自相关群体的压力主要是社会舆论压力，比如家庭成员、邻居朋友、媒体公众、金融公众以及政府公众给予的压力,从重要的他者的动机产生主观规范感知。国家宏观调控政策,最终要通过养殖户的生产行为来实现,从 2019 年至 2021 年第一季度,相关职能部门密集出台生猪稳产、稳价、保供政策,在两年多的时间内,生猪出栏量基本达到了非洲猪瘟爆发前的水平,生产目标基本实现。生猪价格高位持续时间较长,进一步加剧了生猪养殖主体持续盼涨的侥幸心理。养殖户受同行或家人态度的影响,主观规范加强。

计划行为理论中知觉行为控制为主观因素。养殖户的生产意愿是在特定的社会经济环境中(疫病、政策、资源状况等),为了追求自身利益,对外部信号(养殖户最关注的外部信号包括价格、疫病、技术、政策等)做出的反应。价格风险是养殖户面对的最大的风险之一,国内外学者应用不同的方法对其进行研究,度量和评估价格风险。疫病是养殖户面对的另一重大风险因素,猪瘟、非洲猪瘟、蓝耳病、口蹄疫等疫病爆发给养殖户带来巨大损失。随着生猪价格过度下跌,养殖户亏损严重,国家启动猪肉收储,2021 年 7 月连续三次收储,猪价顺势止跌,猪肉收储政策旨在稳定生猪生产,提振养殖户信心。养殖户基于自己所掌握的资金资源、养殖技术、抗风险能力等而感知养殖的难易程度,主要体现在养殖户资源禀赋方面的约束以及经验预期的困难。

4.2.2　养殖户生产意愿形成研究假设

(1)养殖户的行为态度(Attitude toward the Behavior, AB)

行为态度是个体基于预期的行为效果,由此而产生的实现目标行为意愿(钱力等,2020),是行为意愿最有效的预测变量。在本研究中行为态度是指养殖户在生猪价格波动背景下对养殖行为的认同程度,这种态度会直接影响农户的养殖意愿。生猪养殖过程中,即使价格波动,养殖户愿意继续生产,并依据价格波动情况调整养殖量,体现养殖户的行为态度。基于此,提出研究假设 H1:生猪价格波动背景下养殖户的行为态度对其养殖意愿具有显著正向影响。

（2）养殖户的主观规范（Subject Norm，SN）

主观规范是指个体在进行决策时，个体主观感知实现某项行为时所产生的社会压力（王欢等，2019），反映亲朋、同行、家人等重要关系人对其行为决策的影响程度（Ajzen，1991）。生猪价格波动背景下养殖户是否继续生产完全出于自愿，不存在上下级关系或行政的压力，但是很容易受到来自亲戚朋友、同行和周围邻居等相关群体及相关政策的影响，示范性和指令型的规范在意愿形成中发挥一定的作用。当养殖户对生猪生产的利弊权衡举棋不定时，相关政策、亲朋以及其他生猪养殖的同行的认同和鼓励可以帮助养殖户做出是否愿意继续养殖的决定。这些相关群体及政策的支持力度越大，养殖户感知到的社会压力就越大。基于此，提出研究假设 H2：生猪价格波动背景下养殖户的主观规范对其养殖意愿具有显著正向影响。

（3）养殖户的知觉行为控制（Perceived Behavior Control，PBC）

知觉行为控制指的是行为人认为或者感知到的做出某项具体行为的难易程度（钱力等，2020），它反映了养殖户对生猪价格波动背景下养殖行为意愿的促进及阻碍因素的知觉，即养殖户对生猪生产抗风险能力的认知，也就是生猪养殖技术掌握、承担疫病风险和价格风险等难度的感知。养殖户的知觉行为控制主要受其掌握的资金、技术、信息等资源以及具备的能力等因素影响。在生猪养殖过程中，当养殖户认为自己掌握的信息与资源越多，抗风险能力越强，预期阻力越小，且实施行为时可控影响因素越多，则产生养殖行为意愿的可能性越高。基于此，提出研究假设 H3：生猪价格波动背景下养殖户的主观规范对其养殖意愿具有显著正向影响。

养殖户生产意愿形成是有计划的过程，因此，基于 TPB 理论构建养殖户生产意愿框架图，如图 4-1 所示，进一步实证分析养殖户生产意愿的形成机理，探究养殖户意愿的形成路径、影响因素以及影响程度。

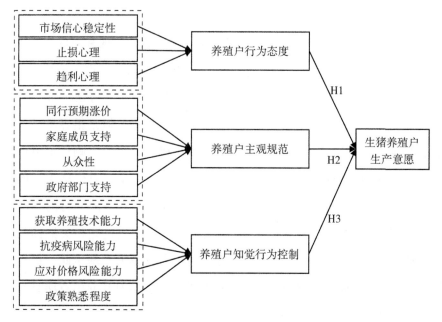

图 4-1　基于 TPB 理论的养殖户生产意愿框架图

4.3　问卷设计与数据获取

为实现研究目的，对研究理论模型与假说进行验证，依据前期研究经验与研究基础，进行研究区域选择、问卷设计以及调研数据的收集、整理与分析。

4.3.1　研究区域选择

前文已经分析研究对象区域为生猪养殖大省河南，进一步选择该省部分生猪调出大县或养猪强县(动态评估和认定)作为调研区域，具有较好的代表性。养猪强县是以自繁自养模式为主、产业一体化能力强的县区，而生猪调出大县主要采取专业育肥养殖模式，不养殖母猪以自繁仔猪，而是全部从仔猪繁育场购买仔猪。调研区域为豫南、豫中、豫北的 8 个县，豫南区域3个县：固始、舞阳、遂平，豫中区域2个县：太康、永城，豫北区域3个县：开封、武陟、沁阳。这几个县畜牧业产值逐年提高，大部分县畜牧业产值占农业总产值的一半以上。每个县随机抽取8个村进行调查，调研样本点分布如表4-1所示。

表4-1 调研地点分布情况

地域	市	县（区）	有效问卷（份）	在样本中的比重（%）
豫南	信阳	固始	45	12.43
	漯河	舞阳	32	8.84
	驻马店	遂平	42	11.60
豫中	周口	太康	48	13.26
	商丘	永城	45	12.43
豫北	开封	开封	53	14.64
	焦作	武陟	52	14.36
	焦作	沁阳	45	12.43

4.3.2 问卷设计

考虑调研对象是特殊群体，大部分养殖户文化水平不高，忙于生猪饲养，问卷设计既要考虑数据能满足研究需要，又要兼顾养殖户容易理解，因而遵循以下原则。

（1）易于理解原则

问卷的设计要方便作答，为此进行多次修改。尽可能避免专业术语或不易懂的词语，如"预期养猪收入对养殖决策"的影响程度，在实际发放的问卷里表述为"您决定养这批猪时是否考虑出栏价"，尽量用简单的语言甚至是口语，以免受访对象理解有误。题目设计中不要有难以获得真实答案的题项，如"您认为国家储备肉政策对生猪价格的影响程度"，初步访谈的养殖户，大多不知道这个政策。又如"您是否知道我国进口猪肉的价格？"

部分养殖户不知道，有知道的，仅知道进口猪肉便宜，但并不清楚便宜多少。原设计两个题目获取养殖户对储备肉政策及进口猪肉的了解情况，在正式调研时均删除。

问卷题项设计要简单明了，还应具有一定的逻辑性、趣味性。问卷设计前通过走访及电话咨询方式与当地养殖户交流过，受访对象对于疫病补贴、养殖政策、贷款等题目很感兴趣，鉴于研究也需要这些数据，把这些题目编入问卷中，以便受访对象配合调研，完成答卷。在阅读大量文献的基础上，初步设计生猪价格波动背景下养殖户意愿待测维度及对应题项分布如表 4-2 所示。

表 4-2　养殖户生产意愿形成待测维度及对应题项分布

待测维度	题项数量	参 考 文 献
行为态度	4	Ajzen（1991）；Li 等（2013）；杨柳等（2018）
主观规范	5	兰勇（2020）；张占录等（2021）；王雨林等（2015）；Ajzen（1991）；Li 等（2013）；钱力等（2020）；王欢等（2019）
知觉行为控制	6	石志恒等（2020）；杨柳等（2018）；徐迎军等（2014）；肖开红和王小魁（2017）；Ajzen（2005）；侯晶和侯博（2018）；钱力等（2020）
养殖意愿	3	宋长鸣（2016）；周静和曾福生（2019）；张贝倍等（2020）

（2）严谨性原则

为提高题项设计的合理性及科学性，调研团队对题项进行讨论，并对有关专家进行访谈。首先邀请团队 2 名博士及 1 名博导对本部分内容设计的 18 个题项进行多次讨论，同时对其他章节设计题项也逐一进行分析。团队成员根据之前了解到合作社发挥作用的有限性，考虑受访对象虽加入合作社，但能做到"风险共担、利益均沾"、统一采购饲料及仔猪、统一防疫、统一销售的合作社极少，在调研前对养殖户的访谈中也发现这一问题真实地存在，因此主观规范中的"如果同行加入养猪合作社，我也会加入"

进行删除。将行为态度中的"价格低谷期，政府部门支持，我会养猪"调整到主观规范题项。前期访谈调研了解到养殖户购买饲料的方式，大多是供应商送货上门，预混料供应商在养殖集中区域安排业务员，负责预混料的市场销售，价格由供应商确定，因此"购买饲料时您的议价权"在知觉行为控制题项中删除。本研究的访谈专家有大学教授及当地畜牧局负责人，他们分别从理论和实践的角度，对调研问卷题项提出观点，在内容效度、题项表述是否清晰、用词是否准确、选项是否不重不漏等方面提出针对性的修改意见。

针对测量题项的可理解性，本研究选取了有丰富生猪养殖经历的 15 名养殖户进行预调查。请他们仔细阅读调查问卷，关注两个方面的问题：一是题项是否完整，需要补充哪些内容；二是题项的意思是否能够被养殖户理解，有无表述不清晰或晦涩的专业性词汇。被调查的养殖户均认为不需要增减题项，参与访谈的养殖户中有 3 人认为"您是否考虑放弃养殖而从事其他非农活动"不好理解，经过与养殖户交流沟通，本研究将其调整为"您是否考虑放弃养殖而从事其他非农活动(如：外出务工、从事农产品经销等)"。本部分初始量表共包括 15 个题项，采用李克特 5 点量表对潜变量进行问卷测量，见表 4-3。

表 4-3　养殖户生产意愿形成测量题项及定义

潜变量	可测变量	定义
生产意愿	BI1 上批猪即使亏损，我还是愿意养猪	完全不同意=1；不同意=2；一般=3；同意=4；非常同意=5
	BI2 即使价格波动，养猪总体还是赚钱	
	BI3 养猪比外出务工赚钱	
	BI4 生猪价格波动频繁，我仍愿意养猪	
行为态度	BA1 价格波动频繁，继续养殖是正确决策	完全不同意=1；不同意=2；一般=3；同意=4；非常同意=5
	BA2 价格低谷期，减少养殖是正确决策	
	BA3 价格上涨期，扩大养殖量是正确决策	

续表

潜变量	可测变量	定义
主观 规范	SN1 同行预期生猪涨价，我会养猪 SN2 家庭成员赞成，我会养猪 SN3 亲朋邻居养猪，我决定养猪 SN4 价格低谷期，政府部门支持，我会养猪	完全不同意=1；不同意=2； 一般=3；同意=4；非常同 意=5
知觉 行为 控制	PBC1 我获取养殖技术服务很容易 PBC2 我有应对生猪疫病风险的能力 PBC3 我能够应对生猪价格风险 PBC4 对养殖政策熟悉，我会养猪	完全不同意=1；不同意=2； 一般=3；同意=4；非常同 意=5

4.3.3　问卷说明

实地问卷调查的时间为 2021 年 5 月至 2021 年 6 月，调研组成员主要由农业经济管理专业的老师、生猪贩子、经纪人、饲料供应商等组成。在调研前，对调研组成员进行了培训，主要强调问卷题项含义及注意事项。受访对象全部是有生猪存栏的养殖户。

调查结论准确程度的关键在于样本的代表性。样本的代表性高低主要取决于以下三方面因素：样本容量大小、样本选取方法及样本数据有效（吴明隆，2017；张伟豪等，2020）。关于样本容量大小，学界没有定论，一般认为样本容量和题目数量的比例至少为 10∶1（Barclay et al.，1995；Kahai and Cooper，2003）。为保证样本数据的有效性，从问卷设计、数据获取过程等环节进行把控。为检验被调查对象是否认真作答，设计两组题目，一是"您的受教育年限"和"您的文化程度"，二是"是否容易获得生猪价格信息"和"您获取生猪价格信息难吗"（此题设计 5 个选项，分别为很不容易、不容易、一般、比较容易、非常容易）。根据问卷中两组题目的回答情况，对问卷进行了有效性筛选，回答出入太大的问卷视作被调研对象没有认真作答，此类问卷视为无效问卷进行剔除，同时剔除信息缺失的问卷。问卷回收后，对问卷进行了编号，并对题项编写代码，有序地输入 SPSS26.0 软件，以便后期核对、使用数据。本研究收集调查问卷 412 份，有效问卷 362 份，有效问卷率为 87.86%。

4.4 养殖户生产意愿形成机理实证分析

4.4.1 实证研究方法

构建结构方程模型(SEM)，实证检验各变量对养殖户生产意愿形成的影响。该模型具有理论先验性、可同时处理测量与分析问题、适用于大样本的统计分析、包含许多不同的统计技术、重视多重统计指标的运用等特性，是社会科学领域量化分析的重要工具(吴明隆，2017；邱皓政和林碧芳，2009)。因为潜变量不能被直接观测，需通过一些直接可观测的变量来反映难以观测的潜变量。与传统多元回归方法相比，SEM 能同时使用数个变量来测算因子并测量因子结构，且允许一定的测量误差，这是其最大的优点。因此，本章运用 SEM 这一统计工具对养殖户生产意愿及其影响因素进行分析。SEM 包括每项因子的测量模型(潜变量和观察变量)和所有因子构成的结构模型。

结构方程模型一般形式由 3 个矩阵方程式构成：

$$\eta = B\eta + \Gamma\xi + \zeta \tag{1}$$

$$X = \Lambda_x \xi + \delta \tag{2}$$

$$Y = \Lambda_Y \eta + \varepsilon \tag{3}$$

式(1) 为结构方程，表征外生潜变量与内生潜变量之间的线性关系；ξ 和 η 分别为外生潜变量与内生潜变量；B 是内生潜变量系数矩阵，表征内生潜变量间的关系；Γ 是外生潜变量系数矩阵，表征为外生潜变量对内生潜变量的关系；ζ 为结构方程模型的回归残差项，即随机干扰项。

式(2) 和式(3) 为测量方程，表征潜变量与观测变量之间的线性关系；δ、ε 为测量方程模型的回归误差项，ε 与 η、ξ 及 δ 无关，δ 与 ε、η 及 ξ

也无关。Λ_X 和 Λ_Y 分别为外生潜变量和内生潜变量的系数矩阵，是指标变量 $(X，Y)$ 的因子负荷量。

本章基于计划行为理论框架，利用 SEM 的优势：同时分析潜变量与观测变量以及各潜变量之间的内在联系，弥补了一般线性回归方程模型只能解释自变量对因变量作用关系的弊端，为探讨生猪价格波动背景下养殖户生产意愿的影响机制、潜变量间的作用关系以及各观测变量对养殖户意愿的效应提供理论依据。

4.4.2　变量说明

计划行为理论认为，决策主体计划实施某项行为的倾向是行为表现的先决过程，行为意愿被认为可以激发动机。基于理论分析与理论模型的构建，结合养殖户生猪养殖意愿以及实际情况，并参考国内外学者的相关研究成果进行量表设计，具体的潜在变量、观测变量及描述性统计结果见表 4-4。

表 4-4　变量含义及描述性统计分析

潜变量	符号	观测变量	均值	标准差
生产意愿	BI1	上批猪即使亏损，我还是愿意养猪	3.43	1.203
	BI2	即使价格波动，养猪总体还是赚钱	3.33	1.163
	BI3	养猪比外出务工赚钱	3.42	1.196
	BI4	生猪价格波动频繁，我仍愿意养猪	3.54	1.146
行为态度	BA1	价格波动频繁，继续养殖是正确决策	3.04	1.125
	BA2	价格低谷期，减少养殖是正确决策	2.98	0.966
	BA3	价格上涨期，扩大养殖量是正确决策	2.95	1.019
主观规范	SN1	同行预期生猪涨价，我会养猪	3.12	1.101
	SN2	家庭成员赞成，我会养猪	3.25	1.154
	SN3	亲朋邻居养猪，我决定养猪	3.22	1.125
	SN4	价格低谷期，政府部门支持，我会养猪	3.01	1.047

潜变量	符号	观测变量	均值	标准差
知觉行为控制	PBC1	我获取养殖技术服务的难易程度	2.95	1.189
	PBC2	我有应对生猪疫病风险的能力	2.77	1.141
	PBC3	我能够应对生猪价格风险	3.01	1.212
	PBC4	对养殖政策熟悉,我会养猪	3.20	1.131

生产意愿的四个测量变量均值大于 3,说明在生猪价格波动背景下,养殖户倾向于生猪养殖,这与被调查对象的养殖习惯、养猪经历及养猪经验与技术有关。主观规范的四个测量变量均值大于 3,说明亲邻及家人对养殖户带来的影响及压力较大。

4.4.3 养殖户生产意愿形成机理量表的探索性因子分析

虽然 TPB 理论已经验证了观测变量和潜变量之间的关系,但观测变量的确定在参考已有文献的基础上有所创新,本章采用探索性因子分析(EFA)和验证性因子分析(CFA)进行效度和信度检验。在使用结构方程模型进行研究分析时,为确保量表的有效性和可靠性,首先对各变量进行信度和效度检验,本章使用 SPSS 26.0 和 SPSS AMOS 22.0 软件对各观测变量进行信度和效度检验。

(1)KMO 和 Bartlett's 球形检验

Kaiser,Meyer 和 Olkin 给出 KMO 的度量标准为大于 0.9 非常适合做因子分析,0.8~0.9 很适合做因子分析,0.7~0.8 适合做因子分析,0.6~0.7 勉强适合做因子分析,小于 0.6 则不适合做因子分析。本研究潜变量的 KMO 值为 0.882,Bartlett's 球形检验的值为 1674.733(自由度为 105),$p<0.001$,结果显著。

(2)主成分分析与因子分析

采用主成分分析法,若累积的解释变异量指标值达到 50%~60%,即说明萃取的因子结果可接受,若指标值达到 60% 以上,则证明萃取的因子结果理想(吴明隆，2017)。本研究累积的解释变异量指标值为 61.07%，大于 60% 的理想标准，具体指标见表 4-5，提取主成分效果良好，反映了变量的大部分信息，总体上达到理想的效果(易文燕，2021)。

表 4-5 变量累计方差解释表

成分	总方差解释								
	初始特征值			提取载荷平方和			旋转载荷平方和		
	总计	方差%	累计%	总计	方差%	累计%	总计	方差%	累计%
1	5.099	33.996	33.996	5.099	33.996	33.996	2.519	16.796	16.796
2	1.728	11.519	45.515	1.728	11.519	45.515	2.457	16.382	33.178
3	1.215	8.097	53.612	1.215	8.097	53.612	2.320	15.464	48.641
4	1.119	7.459	61.071	1.119	7.459	61.071	1.865	12.430	61.071
5	0.705	4.702	65.773						
6	0.653	4.353	70.126						
7	0.625	4.169	74.295						
8	0.600	3.999	78.293						
9	0.597	3.977	82.271						
10	0.529	3.530	85.800						
11	0.480	3.201	89.001						
12	0.453	3.018	92.019						
13	0.434	2.895	94.914						
14	0.397	2.643	97.557						
15	0.366	2.443	100.000						
提取方法：主成分分析法。									

运用凯撒正态化最大方差法进行旋转后，旋转在 5 次迭代后收敛，得到旋转成分矩阵，为清晰显示问项之间具有较高的相关性，本研究在分析过程中设置不显示绝对值小于 0.40 的系数，见表 4-6。旋转在 5 次迭代后

已收敛，且每一个问项因子载荷值均大于0.5，满足最低标准，说明维度划分合理，变量设定具有良好的结构效度。综上指标表明，本研究所用数据适合进行因子分析。

表 4-6　因子旋转后成分矩阵表

旋转后的成分矩阵[a]				
	成　　分			
	1	2	3	4
SN1	0.742			
SN2	0.716			
SN3	0.807			
SN4	0.685			
PBC1		0.724		
PBC2		0.778		
PBC3		0.773		
PBC4		0.681		
BI1			0.795	
BI2			0.649	
BI3			0.629	
BI4			0.703	
BA1				0.725
BA2				0.732
BA3				0.749
提取方法：主成分分析法。				
旋转方法：凯撒正态化最大方差法。[a]				
a. 旋转在 5 次迭代后已收敛。				

（3）信度分析

问卷信度检验常用指标为 Cronbach's α 系数，对于探索性因子分析要求 α>0.6，而验证性因子分析要求 α>0.7。如果 α 系数达不到 0.6，一般认为内部一致信度不足，而在实务研究中，Cronbach's α 系数达到 0.6 以上，说明量表具有好的信度。本研究中各潜变量的 Cronbach's α 系数，一个接近 0.7，其余三个均在 0.7 以上，变量的 CITC 均大于 0.4，说明各潜变量的测量模型具有较好的稳定性和可靠性。

4.4.4　养殖户生产意愿形成量表的验证性因子分析

（1）分量表的验证分析

首先运用"行为态度"因子进行验证分析。运用软件对"行为态度"因子的 3 项指标进行统计分析，结果显示其各项指标的因子载荷均符合标准（2021，易文燕）。一般建议测量模型多元相关平方 SMC（Squared Multiple Correlation）的值大于 0.5，不要超过 0.9，最低不要小于 0.36，即 0.36 以上 0.9 以下可以接受。标准化因素负荷量应大于 0.6，大于 0.7 是比较理想的，大于 0.95 则过犹不及。该因子检验结果见图 4-2，达到基本标准要求。行为态度由 3 个题项构成，自由度为零，拟合度为完全拟合。

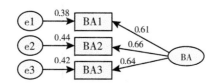

图 4-2　"行为态度"的验证性因子分析结果

其次运用"主观规范"因子进行验证分析。运用软件对"主观规范"因子的 4 项指标进行统计分析，图 4-3 结果显示其各项指标的因子载荷均符合标准。由表 4-7 结果可见其模型拟合度均符合要求。

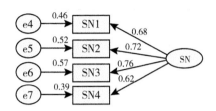

图 4-3 "主观规范"的验证性因子分析结果

表 4-7 "主观规范"验证性因子分析模型拟合度摘要

拟合指数	绝对拟合指数						增值拟合指数		
	χ^2	χ^2/df	GFI	AGFI	SRMR	RMSEA	IFI	NNFI	CFI
指标值	0.645	0.322	0.999	0.996	0.007	0.000	1.003	1.010	1.000
评价标准	小	<5.00	>0.90	>0.90	<0.05	<0.08	>0.90	>0.90	>0.90
是否拟合	是	是	是	是	是	是	是	是	是

再次运用"知觉行为控制"因子进行验证分析。运用软件对"知觉行为控制"因子的 4 项指标进行统计分析，结果显示其各项指标的因子载荷均符合标准，模型拟合度指标 5 项完全符合要求，4 项指标接近标准值，详情见图 4-4 和表 4-8。

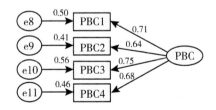

图 4-4 "知觉行为控制"的验证性因子分析结果

表 4-8　"知觉行为控制"验证性因子分析模型拟合度摘要

拟合指数	绝对拟合指数						增值拟合指数		
	χ^2	χ^2/df	GFI	AGFI	SRMR	RMSEA	IFI	NNFI	CFI
指标值	17.848	8.924	0.975	0.873	0.037	0.148	0.961	0.882	0.961
评价标准	小	<5.00	>0.90	>0.90	<0.05	<0.08	>0.90	>0.90	>0.90
是否拟合	是	接近	是	接近	是	接近	是	接近	是

最后运用"行为意愿"因子进行验证分析。运用软件对"行为意愿"因子的 4 项指标进行统计分析，图 4-5 结果显示其各项指标的因子载荷均符合标准。表 4-9 模型结果显示其拟合度均符合要求。

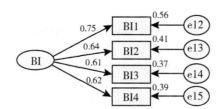

图 4-5　"行为意愿"的验证性因子分析结果

表 4-9　"行为意愿"验证性因子分析模型拟合度摘要

拟合指数	绝对拟合指数						增值拟合指数		
	χ^2	χ^2/df	GFI	AGFI	SRMR	RMSEA	IFI	NNFI	CFI
指标值	1.115	0.557	0.998	0.992	0.010	0.000	1.003	1.009	1.000
评价标准	小	<5.00	>0.90	>0.90	<0.05	<0.08	>0.90	>0.90	>0.90
是否拟合	是	是	是	是	是	是	是	是	是

（2）整体量表的验证性因子分析

运用软件 AMOS22.0 对生猪价格波动背景下养殖户生产意愿进行验证性因子分析，其结果表明，在全模型中每个测量题项的标准化因子载荷量和整体结构方程模型的拟合度均符合研究要求。详情见图 4-6 与表 4-10。

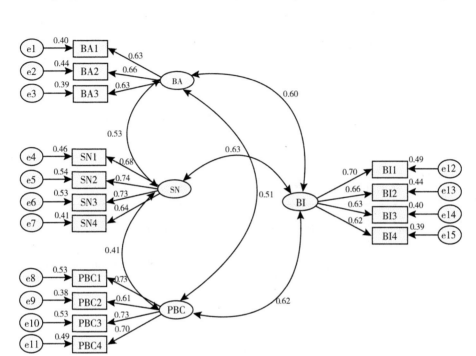

图 4-6 养殖户生产意愿形成机理验证性因子分析

表 4-10 养殖户生产意愿形成机理验证性因子分析模型拟合度摘要

拟合指数	绝对拟合指数						增值拟合指数		
	χ^2	χ^2/df	GFI	AGFI	SRMR	RMSEA	IFI	NNFI	CFI
指标值	133.074	1.584	0.951	0.930	0.040	0.080	0.970	0.962	0.969
评价标准	小	<5.00	>0.90	>0.90	<0.05	<0.08	>0.90	>0.90	>0.90
是否拟合	是	是	是	是	是	接近	是	是	是

（3）量表信度与效度检验的结果

对养殖户生产意愿形成机理模型进行信度、效度检验，主要包括内容效度、组成信度与收敛效度、区别效度。

首先采用内容效度进行检验。内容效度测量问卷是否真实，本研究量表以经典理论为基础，参考了丰富的前人文献，进行了专家访谈，并做了实地调查。量表的设计依据成熟理论，题项确定的方法和过程客观且严谨，吸纳专家意见，经过预调查，最终问卷内容得到专家认可，以至在理论和实践层面能较好地反映养殖户在价格波动背景下对生产的认知，可以保证本研究的调查问卷内容效度较好。

其次采用组成信度与收敛效度进行检验。借鉴 Fornell and Larcker（1981）的方法和标准，利用组成信度和平均方差萃取量来分析问卷的效度。

表 4-11　养殖户生产意愿形成机理量表的组成信度与收敛效度

题项		参数显著性估计				题目信度		组成信度	收敛效度
		Unstd.	S. E.	Z-value	P	Std.	SMC	CR	AVE
BA	BA1	1.109	0.134	8.260	***	0.613	0.396	0.676	0.41
	BA2	1.004	0.119	8.449	***	0.662	0.441		
	BA3	1				0.645	0.393		
SN	SN1	1.118	0.111	10.097	***	0.678	0.460	0.790	0.486
	SN2	1.275	0.120	10.662	***	0.723	0.544		
	SN3	1.229	0.116	10.592	***	0.758	0.532		
	SN4	1				0.621			
PBC	PBC1	1.086	0.095	11.396	***	0.706	0.527	0.788	0.483
	PBC2	0.882	0.088	9.969	***	0.643	0.377		
	PBC3	1.112	0.097	11.429	***	0.749	0.531		
	PBC4	1				0.678	0.493		
BI	BI1	1				0.751	0.492	0.751	0.431
	BI2	0.912	0.087	10.472	***	0.639	0.438		
	BI3	0.898	0.089	10.119	***	0.606	0.402		
	BI4	0.847	0.085	9.983	***	0.621	0.390		

注：*** 表示 $P<0.001$。

从软件 AMOS22.0 的运算结果显示，本研究量表所有题项的标准化因子载荷均大于 0.5，多元相关系数平方 SMC 均大于 0.25，表示具有题目信度；非标准化因子载荷量的值均大于零，Z-value 均大于 1.96，P 值小于 0.001，达到极显著的判定标准；所有潜变量的组合信度 CR 值 3 个大于 0.7，一个接近 0.7，均大于 0.60，说明量表具有符合标准的组成信度。平均方差萃取量（AVE）均大于 0.36，说明量表具有较好的收敛效度。具体分析结果如表 4-11 所示。

最后采用区别效度进行检验。Fornell and Larcker 的方法和标准还要求各潜变量的平均变异萃取量平方根要大于各潜变量之间的相关系数，即大于表中行和列的元素值。从软件 AMOS22.0 的运算结果可以看到，各潜变量平均变异萃取量的平方根值均大于各潜变量之间的相关系数，符合前者大于后者的评价标准，说明养殖户生产意愿形成机理量表具有良好的区别效度，可进入下一步分析，具体结果见表 4-12。

表 4-12 养殖户生产意愿形成机理量表的区别效度

维度	AVE	BI	PBC	SN	BA
BI	0.431	**0.657**			
PBC	0.483	0.622	**0.695**		
SN	0.486	0.635	0.407	**0.697**	
BA	0.410	0.600	0.508	0.530	**0.640**

注：对角线黑体字为平均变异萃取量 AVE 的平方根，下三角为皮尔森（Pearson）相关系数。

4.4.5 养殖户生产意愿形成影响因素

基于探索性因子分析和验证性因子分析，最终确定了生猪价格波动背景下养殖户生产意愿形成机理结构方程模型，模型由养殖户的行为态度、主观规范、知觉行为控制及行为意愿 4 个维度构成，共 15 个观测变量。对

4 个潜变量之间的作用关系进行检验，皮尔森相关系数分别为 0.53、0.51、0.41，均小于 0.7，潜变量之间不存在共线性问题，模型的变量关系见图 4-7。

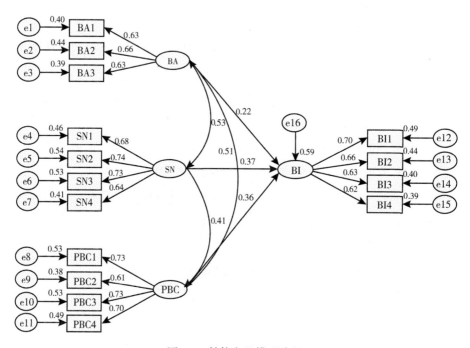

图 4-7　结构方程模型路径

模型路径系数检验见表 4-13。从表 4-13 中可以看出，养殖户行为态度、主观规范、知觉行为控制对生产意愿存在显著正向直接效应，且路径系数分别为 0.220、0.372、0.359，从而验证了假设 H1、假设 H2 和假设 H3；因子载荷大于 0.7 或接近 0.7，P<0.01，完全符合模型要求，研究假设成立。这表明，在生猪价格波动背景下养殖户生产意愿形成机理模型中，养殖户生产意愿受到行为态度、主观规范和知觉行为控制的直接影响，其中主观规范影响最大。

表 4-13 模型路径系数检验

路径	回归系数	S. E.	C. R.	P	标准回归系数
BI<---BA	0.291	0.115	2.539	*	0.220
BI<---SN	0.470	0.098	4.780	***	0.372
BI<---PBC	0.382	0.079	4.817	***	0.359

注：* 表示 $P<0.05$，*** 表示 $P<0.001$。

估计值回归系数与标准误 SE 的比值（$C. R.$ 值）和 P 值，用以评判路径系数的显著性情况，具体标准为 $C. R. >1.96$，$P<0.05$。路径系数为正说明正向影响，为负则反之。标准化回归系数是一个无量纲的标准化数值，数据经过标准化处理后消除了量纲、数量级等，在统计分析中被广泛应用，因为不同变量之间具有可比性，可以对变量作用大小做出判断。因此，可以用标准化回归系数来比较不同自变量对因变量的作用大小，该数值越大则说明对因变量的影响越大。

可解释方差是给定数据中的变异能被数学模型所解释的部分，即模型中的所有外生变量对内生变量的解释程度。根据张伟豪等（2020）及 Chin（1998）的研究，可解释方差估计值若大于 0.67，则表示解释能力强，模型非常理想；在 0.33 至 0.67 之间，则表明模型可接受；小于 0.33，则表明模型不理想。本研究内生变量的可解释方差为 0.592，有较强的解释能力。

（1）生猪价格波动背景下养殖户生产意愿的行为态度及其影响因素

养殖户行为态度是生猪价格波动背景下生产意愿最直观的评价因素，对生产意愿有正向影响。由表 4-13 可知，养殖户行为态度对其生产意愿影响的系数为 0.220，且 $P<0.05$，通过了显著性水平检验，养殖户行为态度越积极，其生产意愿越高，这与钱力等（2019）研究结论一致。养殖户行为态度的三个观测变量：价格波动频繁，继续养殖是正确决策（BA1）、价格低谷期，减少养殖是正确决策（BA2）、价格上涨期，扩大养殖量是正确决策（BA3）均通过显著性检验，从图 4-7 可知，因子载荷系数分别为 0.63、0.66、0.63。这表明，在生猪价格波动背景下养殖户生产意愿形成过程中，

养殖户行为态度客观上受到 BA1、BA2、BA3 的共同作用，养殖户的行为态度一定程度上会影响其生产意愿选择。

（2）生猪价格波动背景下养殖户生产意愿的主观规范及其影响因素

主观规范是生产意愿形成过程中的基础影响因素之一，强调同行行为、家人支持、邻里行为、政策支持等对养殖户生产意愿的重要影响，养殖户受到的外界影响越大，其生产意愿越高。由表 4-13 可知，养殖户主观规范对其生产意愿影响的路径系数为 0.372，且 $P<0.001$，养殖户主观规范对养殖户的生产意愿有正向影响，这与已有的研究结论一致。如石志恒等（2020）研究表明，农户的主观规范对绿色生产意愿产生影响。养殖户主观规范受到同行（SN1）、家庭成员（SN2）、亲朋邻居（SN3）、政府部门（SN4）四个观测变量的共同作用，从图 4-7 可知，因子载荷系数分别为 0.68、0.74、0.73、0.64。这表明，生猪价格波动背景下养殖户生产意愿形成过程中，养殖户主观规范受到养殖户同行影响度、家人支持度、亲朋影响度、政府支持度的共同作用，家庭成员支持度是形成养殖户主观规范的重要因素。

（3）生猪价格波动背景下养殖户生产意愿的知觉行为控制及其影响因素

知觉行为控制是生产意愿形成中的关键因素。养殖户对生猪养殖技术、价格波动风险等的感知程度越高，生产意愿越强。由表 4-13 可知，养殖户知觉行为控制对其生产意愿影响的路径系数为 0.359，且 $P<0.001$，通过显著性水平检验，养殖户知觉行为控制对养殖户的生产意愿有正向影响。张占录等（2021）的研究也表明，知觉行为控制正向影响农户土地流转意愿。模型的实证结果表明，养殖户知觉行为控制受获取养殖技术服务的难易程度（PBC1）、应对生猪疫病风险的能力（PBC2）、应对生猪价格风险的能力（PBC3）、对养殖政策熟悉程度（PBC4）四个观测变量的共同作用，从图 4-7 可知，因子载荷系数分别为 0.73、0.61、0.73、0.70。这说明养殖户越容易获取技术服务，应对疫病及价格风险能力越强，对养殖政策越熟悉，养殖户知觉行为控制能力也就越强，从而养殖户更加愿意继续生猪

养殖。

4.5 本章小结

本章基于计划行为理论，利用结构方程模型，分析价格波动背景下生猪养殖户生产意愿的形成及影响因素。养殖户的行为态度、主观规范和知觉行为控制与生产意愿具有相关性，研究结果表明：

首先，生猪价格波动背景下养殖户的行为态度对生产意愿有正向影响。养殖户行为态度是生产意愿最直观的评价因素，在养殖户生产意愿形成过程中，养殖户行为态度客观上受到观测变量的共同作用。养殖户行为态度越积极，其生产意愿越高。

其次，生猪价格波动背景下养殖户主观规范对生产意愿有正向影响。主观规范是生产意愿形成中影响强度最大的因素。养殖户主观规范受到养殖户同行影响度、家人支持度、亲朋影响度、政府支持度的共同作用，对生产意愿有重要影响，养殖户受到的外界影响越大，其生产意愿越高。

再次，生猪价格波动背景下养殖户知觉行为控制对生产意愿有正向影响。知觉行为控制是生产意愿形成中的关键因素。养殖户越容易获取技术服务，应对疫病及价格风险能力越强，对养殖政策越熟悉，养殖户知觉行为控制能力也就越强，从而继续生猪养殖的意愿更强。

受非洲猪瘟疫情的影响，养殖户的生产意愿发生很大变化。政府职能部门应加大宣传力度，并提供资金、技术等方面的支持，强化主观规范和知觉行为控制对养殖户生产意愿的影响，提高养殖户应对疫病风险、价格风险的能力。

第5章 价格波动背景下生猪养殖户生产决策行为

养殖户对价格波动有不同的预期，其生产决策随之发生响应。生猪属于鲜活农产品，有其自然生长规律，必须经过母猪繁育、产仔、育肥等阶段，即生猪市场供应短缺信号不可能即刻在产量上得到响应。价格下跌后养殖户会减少养殖量，从而生猪供应量大幅减少，引起后续年度价格上涨。生猪价格暴跌，损害养殖户的利益；猪肉价格暴涨，降低消费者的福利水平，不利于我国生猪产业的稳定发展，这引起政府和社会关注。生猪价格波动异常，实质是供需失衡。养殖户作为现代生猪产业生产与经营的主体，他们的生产决策行为对于一个地区的养殖模式选择、生猪供给量具有根本性影响。前文已分析稳定生猪生产及价格波动相关政策，虽然养殖户对相关政策整体满意度较高，但在平抑价格波动方面，政策调控效果并没有达到预期，生猪价格波动幅度较大，政策导致供需失衡是"猪周期"产生的重要原因之一(李文瑛和肖小勇，2017；郭婧驰和张明源，2021)。政策作用对象是养殖户，政策效果通过养殖户的生产决策行为得到体现。

养殖户的生产决策涉及很多方面，本章主要探讨养殖户在价格波动背景下养殖规模调整方面的决策机理及影响因素。作为有限理性的养殖户，其生产决策行为主要受自身内在特征以及市场信息、政府政策等外部环境的影响。本章基于行为经济学的前景理论，重点研究生猪市场价格波动背景下养殖户生产决策行为选择，从微观层面探讨养殖户生产决策行为机理及影响因素，对有效平抑生猪市场价格异常波动、生猪供给保持在合理水平、促进生猪产业健康发展具有一定的现实意义。

5.1 价格波动背景下的生产决策

养殖户在生产经营过程中根据资源禀赋、养殖政策、生猪价格信息等进行多方面决策，如生猪品种选择、养殖模式选择、养殖规模的调整等。自进入21世纪以来，国内生猪价格波动加剧。2006年7月至2021年6月，我国生猪价格出现4次异常波动，即形成四个大周期，价格最低点分别出现在2006年、2010年、2014年、2018年及2021年，最高点分别出现在2008年、2011年、2016年及2019年。在最近一个波动周期中，生猪价格于2021年6月最低跌落到12.50元/kg，相较于2019年10月底最高价40.98元/kg，极差高达28.48元/kg。国家发展和改革委员会公布的数据表明，在2021年6月7日至11日，全国平均猪粮比价为5.88:1，低于"过度下跌三级预警"线6:1，猪粮比价已经不在价格稳定区间。因该批生猪的仔猪及饲料价格过高，即使猪粮比为8:1，仍有很多养殖户亏损。养殖户如能够较准确地预期市场价格并调整养殖规模，将获取较满意的利润以及较少的损失。生猪市场价格信息对养殖户生产决策的作用极为重要（宋雨河，2015；乔辉，2017）。

5.1.1 养殖户对生猪价格信息的关注与反应

（1）养殖户对生猪价格信息的关注

农产品价格波动的幅度大，市场风险高，生猪尤甚。生猪价格下降或上升持续的时间较长，在第三章已经进行分析。同工业品和其他农产品相比，生猪的生产和流通均有独特性。生猪的商品化程度很高，只有极少数散养户养猪的目的是自给自足，其价格完全由市场供求决定（周曙东和乔辉，2017），虽然政府有猪肉储备政策，但储备肉数量占猪肉消费量比例很小，并没有直接影响或干预生猪市场价格，避免扭曲生猪价格形成机制（全世文等，2016）。在生猪市场上，价格是既定的，生猪市场结构接近于完全竞争市场，单个养殖户只能通过调整养殖量来减少损失或实现其最大化收益。

根据其他学者的研究，农户的生产决策行为必然受农产品价格异常波动的影响，在影响养殖户决策行为的诸多因素中，生猪价格居于首位，养殖户根据预期价格的高低安排存栏量，进行自有生产资源的合理安排和配置（周曙东和乔辉，2017），以提高福利水平（宋雨河和武拉平，2014；付莲莲和童歆越，2021）。被调查养殖户均有养殖经历，而且调研时均有一定的存栏量，96.96%的养殖户经历过亏损，对生猪价格信息关注度很高，从多方了解价格信息，84.5%的被调查养殖户认为生猪价格信息容易获取，仅有4.7%的被调查养殖户认为生猪信息很难获得，认为很难和比较难的共占15.5%。

（2）养殖户对生猪价格信息的反应

生猪养殖的投入大，且投入资产具有固定性和专用性，设备、圈舍很难做其他方面的使用。养殖户积累一定的经验和技术，即便生猪价格波动频繁，养殖风险很大，但仍有大部分养殖户表示愿意继续养猪，如表5-1所示。

表 5-1　养殖户对价格波动的反应

指标	选项	频数（户）	频率（%）
生猪价格波动频繁，仍继续养猪	完全不同意	19	5.25
	不同意	52	14.36
	基本同意	88	24.31
	同意	120	33.15
	完全同意	83	22.93
总计		362	100.00

当生猪生产主要是满足自给消费，属于生存性行为，价格因素影响不

大；但当生猪生产是一种经营性行为时，价格便发挥其诱导作用。养殖户对未来价格的预期是影响生猪养殖规模的重要因素之一，对生猪价格的预期、当前价格以及养殖决策调整通常具有相关关系。仔猪供应商与生猪养殖户均对生猪价格进行预期，两者之间存在博弈关系，当养殖户预测未来生猪价格走高，将以较高的价格购买仔猪(胡凯，2007)，及时补栏，如图5-1 所示。

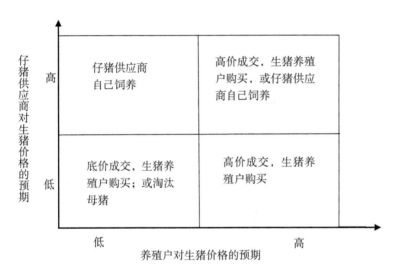

图 5-1 未来价格预期与均衡结果

在生猪市场自发调节的基础上，当养殖户接收到价格预期信号并做出生产决策调整时，需要经过一定周期方能影响生猪供给量。因调研对象均有养猪经历，有一定的能力预测生猪价格走势，决策过程中受生猪价格预期的影响较大，如表5-2 所示。从表5-2 中可以看出，仅有4.42%的养殖户表示决策时完全不受预期价格的影响，有5.52%的养殖户表示决策时不受预期价格的影响，而受预期价格影响的养殖户占有较大比例。在价格水平高时导致许多有限理性养殖户对未来生猪价格做出乐观的判断，2020 年下半年养殖户补栏积极性高涨，扩大养殖规模，便是对这一预期利好的反应。养殖户根据多年的养殖经验，能够预期供给增加可能会导致价格下降，但逐利偏好驱使其扩大饲养规模。当生猪价格出现下降时，养殖户对未来价格的预期又常常过于悲观，直到出现价格上涨，养殖户才会调整悲观预期。在目前我国中小规模养殖户占比较高的情况下，由于信息不对称，养殖户不能对未来市场价格做出准确分析和预测，生猪生产对价格的反应滞后，因此蛛网式价格波动不可避免。一年半前的价格预期、利润预期及当年的价格预期，对能繁母猪存栏量产生影响，进一步影响生猪出栏量（胡向东，2011）。

表 5-2　养殖户对预期价格的反应

指标	选项	频数（户）	频率（%）
生猪预期价格对养殖决策的影响	完全不影响	16	4.42
	不影响	20	5.52
	一般	101	27.90
	影响	174	48.07
	完全影响	51	14.09
总计		362	100.00

面对生猪价格异常波动，养殖户调整养殖规模具有有限理性。中国生猪市场庞大，养殖户一直面临着小生产与大市场的矛盾。由于生猪养殖户的生产实际各有不同，适宜的养殖规模也有很大差别（王雨林等，2015）。决策是人类一项重要的特征行为。生猪养殖过程中，养殖户要做多种决策，生产规模调整是其中之一，是养殖户从事农业生产经营过程中的重要环节（翟建才，1987；双琰等，2019）。价格波动影响收入预期，而收入预期是影响农户生产规模的重要变量（彭长生等，2019）。价格影响具有动态性，不仅价格预期影响养殖户的决策，上批生猪的价格波动导致的盈亏状况对当期决策也产生影响，如表 5-3 所示。仅有 2.49% 的养殖户完全不受上批生猪价格波动导致盈亏的影响。

表 5-3 养殖户对往期价格的反应

指标	选项	频数(户)	频率(%)
上批的盈亏对本批养殖决策有影响	完全不影响	9	2.49
	不影响	37	10.22
	一般	140	38.67
	影响	131	36.19
	完全影响	45	12.43
总计		362	100.00

5.1.2 养殖户的风险偏好和认知

风险是未来事件发生的不确定性,并导致风险主体遭受损失的可能性。养殖户作为生猪养殖风险主体,面临生产环节(疫病、生产成本增加、政策调整等)和流通环节(生猪价格波动、市场供求变动、重大突发事件)的各种风险,养殖户面临的风险具有多样性和复杂性,首要风险是价格波动风险(张燕媛,2020)。

风险偏好是决策者心理上对待风险的一种态度,表现为主动追求风险。不同的养殖户因个体特征、抵御风险的能力不同,对待风险的偏好存在显著差异。问卷中设计一个题目,了解养殖户的风险偏好,"若有以下三项投资项目,您倾向于选择哪一种?"备选项有三个:项目一,风险小,收益或亏损小;项目二,风险中等,收益或亏损中等;项目三,风险大,收益或亏损大。53.59%的养殖户选择项目一,仅9.94%的养殖户选择项目三。从此项调研结果来看,大部分生猪养殖户是风险厌恶者,只有极小部分养殖户是风险爱好者。在回答"以前年度的盈亏状况对现在养殖量的多少是否有影响"这个问题时,88.95%选择有影响。这与他们实际的生猪养殖行为不符,可能的原因是价格高企时能获得丰厚利润,或熟悉该行业,积累了一定的养殖经验和养殖技术。

个体的决策行为建立在其对风险的感知上。养殖户的决策行为也不例外，其对风险的认知包括对生猪养殖风险来源的认知、对主要风险认知情况、养殖户对价格风险的感知等。

供求系统的不完善导致生猪价格风险，生猪产业的内在价格、成本波动和外在冲击(政策调整、重大突发公共卫生事件等)均导致生猪价格失衡，从而对生猪养殖业盈利水平的平稳或提升造成冲击。养殖户认为生猪养殖面临的主要风险是价格波动大、疫病防治难、养殖成本高，其次是政策不稳定，如图 5-2 所示。这一轮超级猪周期对养殖户触动最大，83.70%的养殖户认为生猪价格波动大是主要风险。随着市场经济向纵深方向发展，价格风险对养殖户带来较大冲击，大部分养殖户专业化程度高，养殖目的是盈利而非自给，因此市场参与度极高。75.14%的养殖户认为疫病防治难。育肥猪防疫难题还未根本解决，不同的日龄生猪根据防疫要求接种蓝耳病弱毒苗、口蹄疫苗、猪瘟苗、猪支原体肺炎苗等，但非洲猪瘟没有疫苗且无特效药，传播速度快，致死率高达 100%，给养殖户带来巨大风险。无论哪种类型疫病，爆发区域大小和持续时间长短，始终是影响生猪稳定生产的重要因素，非洲猪瘟因高致死率对生猪生产影响最大。调研时生猪价格处于低谷期，而且由于仔猪价格暴涨导致养殖成本上涨幅度极大。受 2020 年生猪价格利好的影响，仔猪价格创历史最高，2020 年下半年全国仔猪平均成本最高达 1967.45 元/头，2021 年上半年存栏生猪的仔猪成本基本在 1500 元/头以上，但养殖户仍纷纷补栏。玉米、豆粕均大幅上涨，2020 年年初二等黄玉米的价格在 1.94 元/kg 左右，2021 年年初上涨到 3.01 元/kg 左右，价格涨了 55.2%。2020 年年初豆粕的价格在 1.94 元/kg 左右，2021 年年初豆粕的价格最高在 4.14 元/kg 左右，价格涨了一倍之多。猪粮比警戒线调至 7∶1，生猪盈亏平衡点的价格须达到 19.25 元/kg，猪价降低、养殖成本提高，导致养殖户亏损严重。

表 5-4 反映养殖户价格风险感知情况，91.44%的养殖户认为生猪价格风险很大，价格波动大是生猪养殖过程中面临的最主要风险。

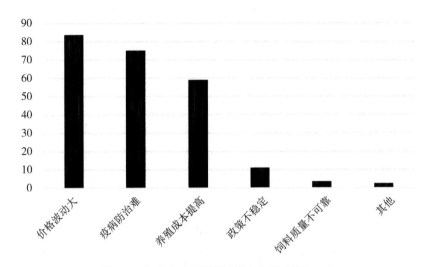

图 5-2　养殖户对主要风险认知情况(单位:%)

表 5-4　养殖户对价格风险的感知

指标	选项	频数(户)	频率(%)
您认为生猪价格风险很大	完全不同意	10	2.76
	不同意	21	5.80
	基本同意	113	31.22
	同意	142	39.23
	完全同意	76	20.99
总计		362	100.00

5.1.3　养殖户的价格风险态度

　　风险态度对生猪养殖户的生产决策有重要影响。本章主要分析养殖户对价格风险的态度以及应对风险的措施。被调研养殖户中养猪专业化程度较高，养猪收入是主要收入来源，意味着其承担更多的价格波动风险。生猪市场价格的波动导致养殖户收益的不稳定，增加其生产决策的难度。前文已经分析预期价格对养殖户决策的影响，上批猪的盈亏对养殖户风险态度的影响较大，如表 5-5 所示。但养殖户还是愿意继续养殖，在回答"上批猪即使亏损，我还是愿意养猪"问题时，只有 22.38% 的被调查养殖户不愿意养猪，80.66% 的被调查养殖户表示亏本后通过继续养殖能弥补亏损。这也印证了被调查养殖户虽然主观上倾向于低风险投资，但面对高风险养猪业，即使价格波动频繁，还不放弃养殖的态度。

表 5-5　养殖户对价格风险的态度

指标	选项	频数(户)	频率(%)
上批猪的盈亏对养殖户风险态度的影响	完全不影响	15	4.14
	不影响	25	6.91
	一般	90	24.86
	影响	162	44.75
	完全影响	70	19.34
总计		362	100.00

被调研养殖户从事生猪养殖时间平均为 10.38 年，养殖时间最短的为 2 年，最长的为 32 年，养殖时间 10 年的占比最高，达 19.34%，如图 5-3 所示。绝大部分被调研养殖户经历过至少一个完整的"猪周期"。在回答"当饲料、仔猪、人工费等成本上升时，您是否考虑放弃养殖而从事其他非农活动(如：外出打工、从事农产品经销等)"这个问题时，高达 48.90% 养殖户不放弃生猪养殖，因为他们认为总体上养猪比外出务工赚钱，如表 5-6 所示。养殖成本上升不放弃养猪的原因如图 5-4 所示。

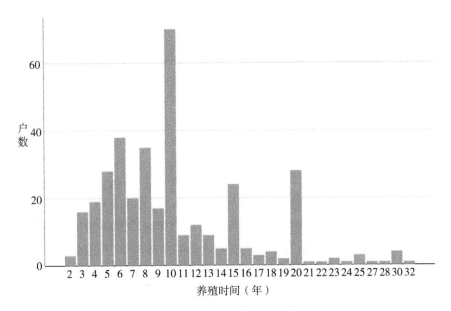

图 5-3 养殖户的养殖经历

表 5-6 养殖户对养猪/务工的态度

指标	选项	频数(户)	频率(%)
养猪比外出务工赚钱	完全不同意	25	6.91
	不同意	63	17.40
	基本同意	85	23.48
	同意	113	31.22
	完全同意	76	20.99
总计		362	100.00

5.1.4 养殖户价格风险规避策略

(1)养殖户对价格风险的规避措施

养殖户对风险类型、影响和来源有一定的认知,问卷中设计一部分选

117

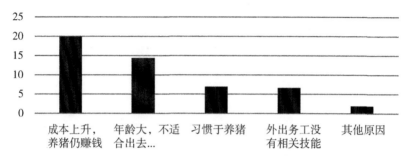

图 5-4　成本上升仍选择养猪的原因(单位:%)

题,以了解养殖户对于风险的规避措施。76.24%的被调查养殖户购买了生猪养殖保险,投保比例相当高,说明养殖户的风险规避意识较强,能借助金融工具规避风险。生猪养殖组织模式类型主要包括:个体养殖、公司+养殖户、合作社养殖、公司+基地+养殖户、屠宰企业+养殖户等。除个体养殖模式,其他几种养殖模式均有一定程度的风险规避作用,特别是加入合作社,可以实现风险共担。多数养殖户认同合作社的作用,83.43%的养殖户认为加入养猪合作社可以降低价格风险,85.64%的养殖户认为加入合作组织是必要的,可以规避价格风险,如表5-7所示。

表 5-7　养殖户对加入合作社的风险规避认知

指标	选项	频数 (户)	频率 (%)	指标	选项	频数 (户)	频率 (%)
加入养猪 合作社可 以降低价 格风险	完全不同意	8	2.21	参加养猪 合作组织 的必要性	完全没必要	9	2.49
	不同意	52	14.36		没必要	43	11.88
	基本同意	149	41.16		有点必要	104	28.73
	同意	110	30.39		有必要	149	41.16
	完全同意	43	11.88		很有必要	57	15.75
总计		362	100.00	总计		362	100.00

养殖户饲养品种以外三元为主，极小部分养殖户饲养土杂及二元猪，没有饲养品牌猪。随着居民消费结构的升级，品牌猪肉(含有机猪肉)会有越来越大的市场空间。我国有机猪养殖正处于起步阶段，目前主要是局部、小范围饲养，主要有添康、洪奥、鄱湖晨晖、上膳源、徒河黑猪、阿妈、徽名山、四川巴山、武当有机猪等少数品牌。根据调研可知，饲养品牌猪的养殖户具有抗价格风险能力。

(2)价格风险与生产规模调整

研究养殖户对于风险和风险管理的认知，对于了解其行为非常关键。风险决策是养殖户在风险情境下进行的判断与选择，经济学和心理学研究的交叉领域就是如何从个人的角度对风险决策做出恰当且正确的解释。一般而言，收益越大，风险越高，生猪养殖属于高风险行业，风险决策被看作前景或者赌博中的选择(Kahneman Daniel，2008)。在过山车似的生猪价格波动背景下，养殖户要做出是否继续养殖以及养殖量大小的决策。农业生产者规模不同，对价格风险的反应有很大差别，价格对生产决策调整的影响呈现倒"U"形关系(周曙东和乔辉，2017)。调研访谈中了解到，对于生猪养殖户，也存在这样的现象，如图5-5所示。品牌生猪养殖户收益相对稳定，生产决策受价格影响很小。

价格是引导生猪生产的重要因素。养殖户的生产决策行为取决于养殖成本的变化和对未来生猪价格的预期。疫病和养殖户的有限理性预期是导致生猪价格变化速度加快的直接原因，这在本轮生猪周期得到充分印证。养殖户在生猪出栏后需要做出是否补栏决策，较准确的生产决策依据应该是目前生猪的存栏量和市场需求量，但养殖户面对小生产与大市场的矛盾，致使现实情况并非如此。生猪养殖成本及价格均是动态的，能否获得预期收益是养殖户最关心的问题，也是决策的重要依据。我国没有建立生猪收益保险制度，养殖户无法通过参加保险获得相对稳定的收益，一般养殖户没有抗衡深度亏损的能力。养殖户确定养殖规模的主要依据包括猪场大小(圈舍面积)、养殖经验、预期生猪价格及当前生猪价格，如图5-6所示。价格的影响在前文已进行分析。70.44%的养殖户确定养殖规模的依据

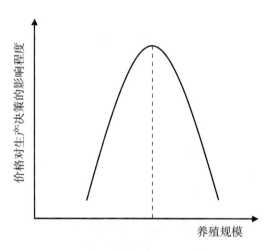

图 5-5　养殖户生产决策分析

是猪场大小，因为生猪养殖对饲养密度(每头猪所占有的猪舍面积)有一定要求，根据猪只大小而不同，育肥猪每头为 0.8～1.2 平方米，养殖专家建议育肥猪超过 100kg 以上，要求圈舍最低为 $2m^2/$头，或每圈不超过 15 头，冬季和夏季、南方和北方的饲养密度有差别，饲养密度太大或太小均影响饲养报酬。在自有生猪圈舍面积一定的情况下，养殖户主要根据预期价格决定减少或扩大养殖规模，扩大养殖规模的方式有增加饲养密度或租赁、新建圈舍。

以西奥多·W. 舒尔茨为代表的经济学家认为农民并不愚昧，他们对市场价格的变动能够做出迅速而正确的反应。无论农场规模多大，市场经济条件下生产要素自由流动，农民可以通过产品与要素价格体系获取有用的信息。养殖户以家庭经营为基础，面临着多种生产决策，其依据生猪市场价格变化趋势进行资源配置和要素重组，以实现可控资源的合理化配置(胡豹，2004)。数量较多养殖户的统一生产决策行为，导致生猪供过于求或供不应求，引起生猪价格异常波动，难以走出蛛网困境。

面对生猪价格低谷，养殖户采取多种方式降低损失：使用便宜饲料、减小养殖规模、推迟出栏、停止养殖、扩大养殖规模、提前出栏、按原计

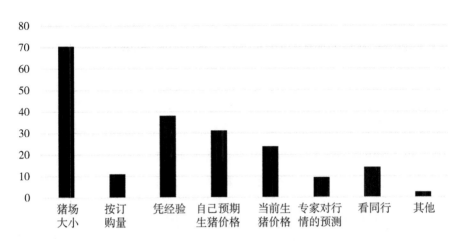

图 5-6 确定养殖规模的依据(单位:%)

划养殖、其他方式等,如图 5-7 所示。71.82%的养殖户首选减少养殖规模,而选择停止养殖和扩大养殖规模的养殖户分别占 1.66%和 0.83%,这与前文分析的价格波动频繁仍不放弃养殖是一致的。按原计划养殖的养殖户仅占 8.84%,可能的原因是调研时生猪价格刚跌入谷底,部分养殖户预期价格还会反弹,或生猪体重达不到出栏的最低标准,二次育肥户也不补栏,生猪很难售出。

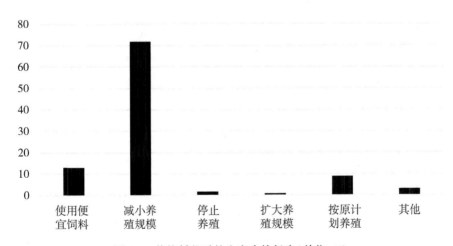

图 5-7 价格低谷时的生产决策行为(单位:%)

5.2　价格波动背景下养殖户生产规模决策机理

经济现象与任何配置稀缺资源的人类决策行为有关,这是行为经济学的核心观点。由于有限理性约束及前景不确定,决策行为受到内外部因素影响。在实际决策中,"有限理性"的决策者不可能寻找到全部备选方案,也不可能完全预测所有备选方案的结果(泮敏,2015)。

5.2.1　前景理论在决策行为研究中的应用

前景理论以有限理性理论为基础,分析行为人在不确定情境下的实际决策行为。在行为经济学的前景理论中,决策受到行为人风险偏好、心理账户、损失厌恶和从众四种心理因素的影响,"损失厌恶心理"是有限理性行为人的重要心理特征之一,当面对同样数量的"心理"收益和"心理"损失时,损失更让行为人难以接受(杨唯一,2015)。期望值理论是最早提出的风险理论,期望效用理论的形成进一步丰富了风险理论,前景理论是风险理论中最有力的描述性理论(李竞,2007;李莉,2007)。心理学实验证明:在不确定情境下行为人做出决策选择时非理性时常发挥关键作用,完全理性的决策是不存在的。前景理论认为生活在一定社会的人,其认识世界和改造世界的能力存在一定的局限性,在风险环境和不确定情境下做出的决策是有限理性且相对满意的决策,而不是最优决策。

多名学者应用前景理论研究决策行为。何大安和康军巍(2016)以彩票投注者决策行为为研究对象,把影响决策者行为的因素划分为两种类型:外部性因素和内部性因素,对不确定条件下有限理性实现程度进行实证分析,研究发现:有限理性约束会影响个体行为人的决策动机、认知以及效用,内外部因素均对行为选择影响显著。土地流转行为的相关研究表明:农户是否参与土地流转以及土地流转的实现路径,是在特定环境及不确定条件下做出的主观决策(钟涨宝等,2007),农户心里有负前景和正前景两个账户(吴宗法和詹泽雄，2014)。农户作为决策者在获取和处理信息时面临认知局限，是有限理性的生产管理者，个体特征、心里参考点、风险态度、认知不完全、不同的意愿强度、产业政策等影响其决策行为(钟涨宝等，2007；陈姗姗，2012；张童朝等，2019；金帅等，2020)。养殖主体以近期生猪价格为基础形成的价格预期，难以实现完全理性，具有有限理性特征(郭利京等，2015；刘勇等，2019)。市场经济制度下，价格合理波动，引导资源有效配置，预期价格是农户生产决策的最重要影响因素(王天穷和于冷，2014；钟甫宁和胡雪梅，2008；赵玉和严武，2016)。在一定程度上，农业生产响应是一种在不确定性和风险条件下对农产品价格波动的反应(Backus et al.，1997)。

生猪是一种特殊农产品，生产周期具有短期不可逆特征(易泽忠等，2012)。生猪养殖有专业育肥和自繁自养两种方式，从仔猪到商品猪出售的时间为6个月左右，从母猪怀孕到商品猪出售的时间为10个月左右。无论何种养殖方式，养殖主体均无法仅仅依据当前价格进行决策，而是根据当前价格、以往生猪价格波动情况及相关有限信息，预期生猪价格，估计出栏时的损益前景。生猪价格波动背景下，养殖户的生产决策行为既具有理性，追求效用最大化，又具有非理性，因其行为受能力约束、心智约束、环境约束和资源约束等，其决策行为都无法达到完全理性，表现出有限理性。约束条件下的"有限理性"生产决策过程见图5-8。

生猪价格下跌或上涨，造成养殖户过度减小养殖规模或扩大生产。当生猪前景价格看好时，一些养殖户扩大养殖规模，以期在后市价格高企时出售生猪，获得较高收益。反之，价格持续下降时，养殖户为降低亏损，会减少养殖量。短期内供给量变化，加快价格变动速度(彭涛等，2009)，从而影响总体供给量。

生猪养殖决策行为符合前景理论的核心思想。养殖户在生猪价格波动背景下做出的养殖决策，是有限认知约束下的响应。养殖者是微观经济主体，根据损益前景配置生产要素，养殖行为便是基于自然风险及市场风险的预期价格响应。生猪市场不是垄断市场，不同规模的生猪养殖主体众

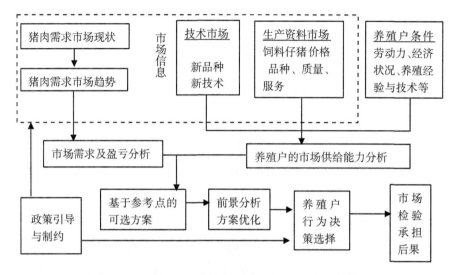

图 5-8　约束条件下养殖户"有限理性"生产决策过程

多，各主体都是价格接受者。由于环境的复杂及不确定性，加之养殖户的
不完全信息和个人的有限认知能力，养殖主体决策的理性便是有限的(郭
利京等，2015)。预期是从价格信号到养殖户行为决策的重要纽带，生猪
养殖户在动态市场环境中预期生猪价格变动，即使处在一个市场经济活动
中，生猪养殖户同样也会对市场价格变动的趋势做出不同的预期，且根据
自己的预期形成生产决策。养殖户风险规避特征明显，对盈利或亏损反应
敏感程度不同，预期一个养殖周期后收益偏离参考点的距离做出养殖决
策。因此，养殖决策受多种行为因素影响，是特定行为环境下基于有限理
性做出的主观抉择(钟涨宝等，2007；姚增福和郑少锋，2013)，决策行为
选择机理见图 5-9。

5.2.2　研究假设

(1)个体特征对养殖户决策行为有影响

养殖户的个体特征主要由文化程度、养殖经历等构成。一般年龄越
大，决策越谨慎，风险规避意识越强，亏损前景更倾向于减少养殖量。受

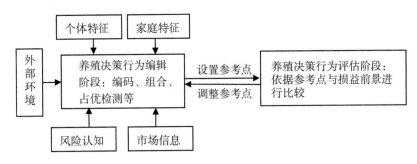

图 5-9　养殖户生产决策行为选择机理

教育水平不同、养殖户风险认知与偏好、市场认知程度、收集及处理信息的能力有很大差异。文化程度高的养殖户非农就业机会多，务工收入高，生猪养殖的机会成本相对较高（汤颖梅等，2013；许彪等，2015；崔美龄和傅国华，2017），亏损前景下放弃养殖的可能性大。养殖时间越久，评估盈利前景和亏损前景的经验越丰富，且容易形成养殖习惯，直接影响养殖决策。

（2）家庭特征对养殖户决策行为有影响

养殖户的家庭特征主要体现在家庭经营方面，包括养猪专业化程度和家庭经济状况。养猪专业化程度用养殖收入在家庭总收入中的占比来衡量（彭玉珊等，2011；张园园等，2015），占比高则说明养猪是家庭收入的主要来源。预计养猪专业化程度越高，在损益前景下，调整养殖决策的可能性越小。家庭经济状况的好坏不同，抗风险能力强弱不同，预计对生猪养殖户决策行为产生不同的影响（郭利京等，2015）。

（3）风险认知对养殖户决策行为有影响

风险认知是影响决策者有限理性的重要因素，但无法直接测量，主要通过养殖户对三种项目投资的选择、是否参加生猪养殖保险以及对生猪价格风险的认知程度等来体现。养殖户对三种投资项目的不同选择，反映其不同的风险态度及偏好，由此可将养殖户分为风险偏好型、风险中性型和风险厌恶型。养殖户是否参加生猪养殖保险反映养殖户风险认知水平的高低及规避风险意识的强弱。养殖户对生猪价格风险的认知影响其生产决策，尤其是经历过猪周期的养殖户，感知程度更强。养殖户特征不同，其风险认知水平存在差异，在价格波动时对养殖户的决策行为产生不同影响（侯麟科等，2014；张燕媛，2020）。

（4）市场信息对养殖户决策行为有影响

信息是决策的基础和重要依据，决策过程是信息获取、处理的过程。养殖户利用信息预判生猪价格及养殖成本走势，调整养殖规模。由于信息获取的难易程度及处理信息的能力不同，决定养殖户获取信息的数量与质量亦不同。市场信息通过饲料价格及生猪价格信息获取的难易程度两个变量来反映，预计无论盈利前景还是亏损前景，均对养殖户的决策行为产生影响（宋长鸣，2016）。

（5）外部环境对养殖户决策行为有影响

前景理论基于不确定性条件下对经济主体的预期和决策进行研究（郭利京等，2015），养殖户所处的环境复杂多变，具有不确定性。生猪养殖政策（病死猪无害化处理补贴、标准化养殖以奖代补、规模养殖补贴等）、地理位置等都属于外部环境，本研究选用病死猪处理政策代表生猪养殖政策，这个政策是具有普惠性的，其他政策是不连续和非普惠的，病死猪无害化处理补助不是固定的，使得养殖户处于动态环境中。调研区域在河南省，因此本书没把地理位置作为环境变量纳入研究范围。政策是潜变量，以政策满意度作为其反应指标，预计无论盈利前景还是亏损前景，均对养殖户决策行为产生影响（李文瑛和肖小勇，2017）。

5.3　数据和描述性统计分析

5.3.1　样本特征描述

河南是生猪养殖大省，其生猪价格在生猪市场上居于重要地位，对我国长期生猪价格形成作用显著，选择该省生猪养殖大县作为调研区域，具

有较好的代表性，关于数据获取过程在第四章已进行分析说明。样本特征
见表5-8。

自2021年5月生猪价格回落，有经验的养殖主体及一些专家均预期
2021年年底生猪价格会触底反弹，但市场反应并非如此，价格在小幅度波
动中没有提振，2022年1月生猪价格再一次掉入低谷，养殖成本高企，而
价格走低，导致生猪养殖亏损严重。

表5-8　样本特征统计

项目	选项	样本数	占总样本比例(%)
性别	女	20	5.52
	男	342	94.48
年龄	45岁以下	155	42.82
	45~60岁	185	51.11
	60岁以上	22	6.07
养殖时间	3年以下	3	0.83
	3~10年	243	67.13
	10年以上	116	32.04
教育程度	小学及以下	36	9.94
	初中	235	64.92
	高中/中专	76	20.99
	大专及以上	15	4.14
养殖规模 （现在存栏量）	49头及以下	48	13.26
	50~499头	173	70.99
	500头及以上	91	15.75
养猪主要风险	价格变化大	303	83.70
	养殖成本提高	214	59.12
	疫病防治难	272	75.14
	政策不稳定	40	11.05

项目	选项	样本数	占总样本比例(%)
猪舍占地面积	2 亩及以下	176	48.62
	3~5 亩	92	25.41
	6~10 亩	53	14.64
	10 亩以上	41	11.33
养猪专业化程度	30%以下	46	12.71
	30%~49%	86	23.76
	50%~80%	129	35.64
	80%以上	101	27.90

5.3.2　变量的描述性统计分析

在问卷设计中，为了让调查对象更准确地表达其感受，把获取饲料价格信息难易程度、获取生猪价格信息难易程度、生猪价格政策满意度等指标采用李克特五分量表的方法，划分为 5 级，如非常容易、比较容易、一般、不容易和很不容易。为更好地解释对因变量的影响，把以上三个指标数据进行处理，将评价结果"非常容易、比较容易、一般"归为"容易"一类，取值为 1；将"不容易"和"很不容易"归为"不容易"一类，取值为 0(朱玉春等，2010；廖冀和周发明，2013；龚继红等，2019)，其他指标做了同样的二分类变量处理。被调查养殖户中，生猪价格上涨，扩大养殖量户数占比为 58.29%；生猪价格下跌，减少养殖量户数占比为 77.07%。

为研究价格波动背景下，即盈利前景和亏损前景下，养殖决策行为的影响因素及其影响程度，设置两个因变量，Y_1 表示生猪价格上涨是否扩大养殖量，Y_2 表示生猪价格下跌是否减少养殖量，变量定义及具体说明见表 5-9。

表 5-9 变量定义及说明

变量类型		变量名称	代码	定义或赋值
因变量		生猪价格上涨，是否扩大养殖量	Y_1	1＝是；0＝否
		生猪价格下跌，是否减少养殖量	Y_2	1＝是；0＝否
自变量	个体特征维度	受教育时间	X_1	连续性变量
		养殖时间	X_2	连续性变量
	家庭特征维度	养猪专业化程度	X_3	分四组，以30%以下为参照组，设置 X_31、X_32、X_33 三个虚拟变量，分别对应 "30%~49%" "50%~80%" "80%以上"
		经济状况	X_4	1＝好；0＝差
	风险认知维度	风险偏好(三种类型投资，倾向选择项目)	X_5	分三组，以风险大，收益或亏损大为参照组，设置 X_51、X_52 两个虚拟变量，分别对应 "风险中等，收益或亏损中等""风险小，收益或亏损小"
		是否参加生猪养殖保险	X_6	1＝是；0＝否
		生猪价格风险是否大	X_7	1＝是；0＝否
	市场信息维度	获取饲料价格信息难易程度	X_8	1＝容易；0＝不容易
		获取生猪价格信息难易程度	X_9	1＝容易；0＝不容易
	外部环境维度	病死猪政策满意度	X_{10}	1＝满意；0＝不满意

5.4　模型估计与结果分析

5.4.1　计量模型

由于因变量是 0～1 变量，适合的模型有 Probit 模型和 Logit 模型。Probit 模型的 $F(x, \beta)$ 为标准正态累计分布函数，没有解析表达式，而 Logit 模型的累计分布函数有解析表达式，所以计算 Logit 比 Probit 方便。这是一个非线性模型，可使用最大似然法进行估计，"$p/(1-p)$"被称为"几率比"或"相对风险"。本章应用二项分类 Logit 回归模型，表达式如 (1) 所示：

$$\ln \frac{p}{1-p} = \beta_0 + \sum_{i=1}^{10} \beta_i X_i \tag{1}$$

式中：p 表示生猪价格上涨扩大养殖量或价格下跌减少养殖量的概率，β_0 是常数项，X_i 是自变量（具体见表 5-9）。各回归系数 β_i 表示：当相应自变量变化一个单位时，变化后不调整养殖量的概率与调整养殖量的概率之比是变化前相应比值倍数的自然对数，e^{β_i} 是系数 β_i 的指数转换，表示自变量 X_i 增加一个单位引起几率比的变化倍数（陈强，2015）。若将自变量变化前因变量发生的概率固定为 p_1，自变量变化后因变量发生的概率为 p_2，根据 e^{β_i} $= \dfrac{p_2}{1-p_2} \Big/ \dfrac{p_1}{1-p_1}$，推算出 $p_2 = \dfrac{e^{\beta_i} p_1}{1-p_1 + e^{\beta_i} p_1}$（宋长鸣，2016；吴连翠和张震威，2021）。

5.4.2　实证结果

从表 5-8 可知，养殖时间超过三年的养殖户数为 359，这些养殖户至少经历过一个猪周期，他们认为养猪最大的风险是价格波动频繁。由于损益前景偏离参考点，养殖户风险敏感度不同，内外因素对养殖户决策行为的影响可能会有所不同，因此用两个模型进行验证。模型 1 研究生猪价格上涨是否扩大养殖量的决策行为影响因素，模型 2 研究生猪价格下跌是否减少养殖量的决策行为影响因素。运用 IBM SPSS Statistics 26.0 软件和 Stata15，对价格波动背景下养殖户决策行为的影响因素进行二分类变量 Logit 回归，两个模型的大部分自变量稳健标准误与普通标准误接近，分别在 1% 和 5% 水平上显著，说明模型的适配性较好。分析结果见表 5-10。

表 5-10　Logit 模型回归结果

自变量		模型 1		模型 2	
		β_i	e^{β_i}	β_i	e^{β_i}
个体特征维度	X_1	-0.031(0.448)	0.970	-0.044(0.052)	0.957
	X_2	-0.028(0.019)	0.973	0.026(0.024)	1.027
家庭特征维度	X_31	-0.638(0.218)	0.528	-0.798(0.260)	0.450
	X_32	-0.534(0.240)	0.586	-0.844(0.235)	0.430
	X_33	-1.572***(0.087)	0.208	-1.207**(0.165)	0.299
	X_4	-0.143(0.216)	0.866	-0.564*(0.173)	0.569
风险认知维度	X_51	0.268(0.336)	1.308	-0.626**(0.153)	0.535
	X_52	0.051(0.447)	1.053	0.193(0.571)	1.213
	X_6	-0.415*(0.165)	0.661	-0.256(0.217)	0.775
	X_7	0.343(0.554)	1.409	1.042**(1.228)	2.836
市场信息维度	X_8	1.033***(0.858)	2.809	0.331(0.465)	1.392
	X_9	0.163(0.393)	1.177	0.430(0.577)	1.537
外部环境维度	X_{10}	-0.628*(0.195)	0.534	-0.643(0.236)	0.526
常数	C	1.208(2.629)	3.348	1.993(7.642)	7.337
卡方值	LRchi2	49.07		27.39	
P 值	Prob>chi2	0.0000		0.0110	
似然值	Log likelihood	-221.391		-181.208	

　　注：括号里为稳健标准误，10%、5% 和 1% 的显著性水平分别用 *、** 和 *** 表示。

（1）个体特征对养殖户决策行为影响分析

个体特征的两个变量指标（X_1、X_2）在两个模型里均未通过显著性检验。在本研究调查对象中，养殖户的文化程度差异并不大，小学及以下占所有调查对象的9.94%，大专及以上的仅占4.14%，初中和高中（中专）的养殖户占所有调查对象的85.91%，最短的受教育时间为2年，最长的受教育时间为15年，平均受教育时间为8.95年，受教育程度最终表现为不显著。生猪养殖时间3年以下的仅占0.83%，99.17%的养殖户刚经历了"史上超级猪周期"，调研时都有一定的存栏量，因此可能导致该变量对养殖规模调整影响不显著。这与汤颖梅等（2013）研究结论不一致，可能的原因是研究视角及背景不同。在不同的模型中，教育程度、养殖时间的系数不同，说明这两个因素在盈利前景和亏损前景下对决策行为的影响可能不同。

（2）家庭特征对养殖户决策行为影响分析

养猪专业化程度在模型1中通过显著性检验，养猪专业化程度、经济状况在模型2中通过显著性检验。模型1中养猪专业化程度（$X_3$3）对应的回归系数值为-1.572，且在1%的显著性水平下通过检验；模型2中养猪专业化程度（$X_3$3）对应的回归系数值为-1.207，且在5%的显著性水平下通过检验。说明专业化程度越高，在盈利前景下养殖户倾向于风险规避，扩大养殖规模的可能性越小，与调研访谈中了解的情况相符；专业化程度越低，扩大养殖规模的可能性越大；在亏损前景下，专业化程度越高，减小养殖规模的可能性越小。因而专业化程度低的小规模养殖户是生猪价格波动的主要推动力量，这与研究假设及郭利京等（2015）的已有研究结论一致。

经济状况（X_4）对应的回归系数值为-0.564，小于0，且在10%的显著性水平下通过检验，说明经济状况越好，在亏损前景下减少生猪养殖量的可能性越小。对应几率比e^{β_i}的值为0.569，表示养殖户经济状况每改变一个单位，亏损前景下减少养殖量与不减少养殖量的几率比是变化前的0.569倍；假设经济状况差的家庭在亏损前景减少养殖量的概率为50%，则经济状况好的家庭减少养殖量的概率为36.27%。家庭经济状况好，抗风险能力强，价格低谷期之后，有可能在价格高位赚取更多利润，亏损前景下经济状况好的养殖户不敏感，而经济状况差的养殖户较敏感，事实也是如此。据调研，一些经济状况差的家庭，资金短缺是他们面临的最棘手问题，往往也是亏损期导致大量养殖户减少养殖量甚至退出养猪业的直接原因。由于饲料赊购，生猪销售收入在偿还饲料款后所剩无几，无法补偿之前其他投资成本。养猪收入的大幅减少对养殖户的生活和心理造成很大影响，甚至直接决定其后期生猪养殖意愿以及资金投入能力。

（3）风险认知对养殖户决策行为影响分析

风险偏好、是否参加生猪养殖保险、生猪价格风险感知三个变量分别在两个模型中通过显著性检验。在模型2中，风险偏好($X_5$1)所对应的回归系数值为-0.626，在5%的显著性水平下通过检验，说明亏损前景下风险中立者不倾向于减少养殖量，而风险中立者相对风险厌恶者，减少养殖量的可能性小。生猪价格风险感知(X_7)对应的回归系数值为1.042，在5%的显著性水平下通过检验，对应几率比e^{β_i}的值为2.836，在亏损前景下，认为生猪价格风险大的养殖户倾向于减少养殖量。调研对象中认为养猪风险很大的占91.4%，83.70%调研对象认为养猪的主要风险是价格波动大，养猪户对养猪业的风险认知度很高，对盈利前景下扩大养殖量的决策还是持谨慎态度，这可能也是该变量在亏损前景下显著，而在盈利前景下不显著的原因，与侯麟科等(2014)的研究一致。

是否参加生猪养殖保险(X_6)在模型1中影响显著，所对应的回归系数值为-0.415，在10%的显著性水平下通过检验，说明对于参保养殖户，在盈利前景下扩大养殖量的可能性小，对应几率比e^{β_i}的值为0.661，表示相对于未参与养殖保险的养殖户而言，参保养殖户扩大养殖量的概率与不扩大养殖量的概率之比是前者的0.661倍；假设未参保养殖户在盈利前景下扩大生猪养殖量的概率是50%，则参保养殖户扩大养殖量的概率为39.80%，一般参保养殖户养殖时间久，经历过生猪价格波动周期，对生猪养殖风险认知程度高。

(4)市场信息对养殖户决策行为影响分析

饲料价格信息获取难易程度(X_8)在模型1中通过显著性检验,生猪价格信息获取的难易程度(X_9)在两个模型中均未通过显著性检验。可能的原因是,生猪养殖是否盈利由生猪价格和养殖成本决定,饲料成本占养殖总成本的60%~70%,而相当体重的生猪,每头猪饲料用量变化不大,饲料成本主要与饲料价格有关。本轮猪周期中仔猪价格很高,这在以往的猪周期中没有出现过。X_8所对应的回归系数值为1.033,在1%的显著性水平下通过检验,对应几率比e^{β_i}的值为2.809。饲料成分中主要是玉米和豆粕,玉米临时收储政策调整后,价格波动较大;豆粕主要依赖进口,对外依存度高达85%左右,价格受贸易环境影响大。盈利前景下,容易获取饲料价格信息的养殖户扩大养殖规模的可能性大。相对于不容易获取生猪价格信息的养殖户而言,容易获取信息的养殖户扩大养殖量的概率与不扩大养殖量的概率之比是前者的2.809倍。

(5)外部环境对养殖户决策行为影响分析

对病死猪无害化处理补贴政策是否满意(X_{10}),该变量在模型1中通过显著性检验。在模型1中,所对应的回归系数值为-0.628,在10%的显著性水平下通过检验,对于生猪养殖政策满意度越高的养殖户,在盈利前景下扩大养殖量的可能性就越小,对应几率比e^{β_i}的值为0.534,表明相对于政策不满意的养殖户而言,政策满意的养殖户扩大养殖量的概率与不扩大养殖量的概率之比是前者的0.534倍。调研期间养殖户正经历史上最强猪周期,猪价的大幅回落,且养殖成本高,每头猪亏损数额大。2021年政府多次启动中央猪肉收储工作,也没能改变生猪价格走低的状况。养殖户即使对生猪养殖政策满意,也不扩大养殖量(李文瑛和肖小勇,2017)。

5.4.3 稳健性检验

本章因变量是二元离散选择变量,常用的估计模型为Logit模型和Probit模型。两个模型对函数形式设定分别为逻辑分布和正态分布。对此,本章首先选择Logit模型进行基准回归分析,进而分别采用Probit模型和线性概率模型(LPM)进行稳健性检验,回归结果见表5-11和表5-12。

表 5-11　Probit 模型回归结果

自变量		模型 1 β_i	模型 2 β_i
个体特征维度	X_1	−0.019(0.028)	−0.027(0.031)
	X_2	−0.017(0.012)	0.017(0.014)
家庭特征维度	$X_3 1$	−0.373(0.249)	−0.394(0.303)
	$X_3 2$	−0.325(0.243)	−0.434(0.289)
	$X_3 3$	−0.958***(0.251)	−0.632**(0.292)
	X_4	−0.085(0.150)	−0.317*(0.170)
风险认知维度	$X_5 1$	0.170(0.155)	−0.359**(0.163)
	$X_5 2$	0.048(0.252)	0.118(0.267)
	X_6	−0.2572*(0.151)	−0.147(0.161)
	X_7	0.213(0.246)	0.603**(0.257)
市场信息维度	X_8	0.632***(0.183)	0.188(0.192)
	X_9	0.099(0.200)	0.261(0.216)
外部环境维度	X_{10}	−0.364*(0.209)	−0.326(0.236)
常数	C	0.712(0.468)	1.062*(0.561)
卡方值	Wald chi2	45.47	21.48
P 值	Prob>chi2	0.0000	0.0639
似然值	Log likelihood	−221.42696	−181.4548

注：括号里为稳健标准误，10%、5% 和 1% 的显著性水平分别用 ＊、＊＊ 和 ＊＊＊ 表示

表 5-12　LPM 回归结果

自变量		模型 1 β_i	模型 2 β_i
个体特征维度	X_1	−0.007(0.010)	−0.007(0.010)
	X_2	−0.006(0.004)	0.004(0.004)

续表

自变量		模型 1	模型 2
		β_i	β_i
家庭特征维度	$X_3 1$	$-0.123(0.078)$	$-0.091(0.066)$
	$X_3 2$	$-0.099(0.077)$	$-0.097(0.061)$
	$X_3 3$	$-0.337^{***}(0.081)$	$-0.165^{**}(0.066)$
	X_4	$-0.030(0.053)$	$-0.087^{*}(0.046)$
风险认知维度	$X_5 1$	$0.059(0.055)$	$-0.105^{**}(0.050)$
	$X_5 2$	$0.010(0.094)$	$0.034(0.073)$
	X_6	$-0.088^{*}(0.053)$	$-0.036(0.045)$
	X_7	$0.077(0.091)$	$0.194^{**}(0.093)$
市场信息维度	X_8	$0.230^{***}(0.066)$	$0.046(0.060)$
	X_9	$0.035(0.072)$	$0.066(0.064)$
外部环境维度	X_{10}	$-0.130^{*}(0.072)$	$-0.096^{*}(0.058)$
常数	C	$0.744^{***}(0.166)$	$0.820^{***}(0.163)$
F 值	F	4.84	1.95
F 值概率值	Prob>F	0.0000	0.0241
可决系数	R-squared	0.1297	0.0719
均方根误差	Root MSE	0.46917	0.41303

注：括号里为稳健标准误，10%、5%和1%的显著性水平分别用 $*$、$**$ 和 $***$ 表示

比较分析基准回归结果与验证模型的相关指标，实证结果表明 Probit 模型和线性概率模型与 Logit 模型的估计结果保持一致，说明基准模型估计具有较好的稳健性。如模型 1 中是否参加生猪养殖保险对生猪养殖决策行为的影响系数在 Logit 模型为 -0.415，在 10% 的显著性水平下通过检验，而在 Probit 模型和线性概率模型中该系数分别为 -0.2572 和 -0.088，均在 10% 的显著性水平下通过检验。模型 2 中对生猪价格风险大小的判断对生

猪养殖决策行为的影响系数在 Logit 模型为 1.042，在 5% 的显著性水平下通过检验，在 Probit 模型和线性概率模型中该系数分别为 0.603 和 0.194，均在 5% 的显著性水平下通过检验。

5.5 本章小结

生猪的商品化程度高，其价格由市场决定。在生猪市场上，价格是既定的，生猪市场结构接近于完全竞争市场，单个养殖户只能通过调整养殖量来减少损失或实现其最大化收益。生猪生产是一种经营性行为时，价格便发挥其诱导作用。养殖户根据多年的养殖经验，能够预期供给增加可能会导致价格下降，但逐利偏好驱使其扩大饲养规模。当生猪价格出现下降时，养殖户对未来价格的预期又常常过于悲观，风险认知程度很高。

行为经济学前景理论能够合理地分析和解释价格波动背景下生猪养殖决策行为。由于生猪的自然生长特性，养殖主体将预期出栏时的价格作为决策参考点，通过心理账户估计盈利或亏损前景，做出扩大或减小养殖规模的决策。养殖户在内外部因素的共同约束下进行"有限理性决策"，风险规避特征明显，其对盈利前景和亏损前景反应敏感程度不同，决策行为影响因素具有非对称特征。

预期价格上涨，养殖户的决策行为受到养猪专业化程度、是否参加生猪保险、获取饲料价格信息难易程度及政策满意度的显著影响。其中，获取饲料价格信息难易程度对养殖决策行为有正向影响，其他三个因素有负向影响。

预期价格下跌，养殖户的决策行为受到养猪专业化程度、经济状况、风险偏好、生猪价格风险感知程度的显著影响。其中，养猪专业化程度、经济状况、风险偏好对养殖决策行为有负向影响，生猪价格风险感知程度对养殖决策行为有正向影响。家庭经济状况越好，减少生猪养殖量的可能性越小；风险偏好强的养殖户减少养殖量的可能性小。

基于前景理论，从微观层面探讨养殖户决策行为机理及影响因素，为政府逆周期调控生猪生产,引导养殖户合理进行生产决策提供理论依据。

本章局限在于仅研究了河南省的微观截面数据,缺乏其他省养殖户的数据,从而没有检验养殖户的行为影响因素是否会随着时空的变化而存在差异。

第6章　价格波动背景下生猪养殖户销售决策行为

　　生猪销售是养殖户收回投资、实现收益的关键环节。生猪生产、销售流通事关居民的"菜篮子"，是生猪产业链的主体部分。生猪销售是养殖户生产经营中的一项重要行为，连接生产与消费。销售决策行为是养殖户为实现生猪价值在市场上销售生猪的过程，以及在这一过程中养殖户对生产环境的反应，包括销售过程中交易信息获取、交易方式选择、销售方式及时机选择等。农村有句俗语：家财万贯，带毛的不算。家禽家畜不到出栏那一天，不能确定盈亏，也说明投资家禽家畜养殖的风险很高。

　　因预期价格不同，养殖户销售决策行为具有异质性。销售时机的把握决定出栏猪只体重。生猪是否顺利销售(出栏)、出栏时价位及体重，直接关系着养殖户收益状况，进一步影响养殖户的生活水平。2021年"牛猪""大象猪"见诸报端。标猪是体重在110kg至120kg之间的生猪，"牛猪"是对应"标猪"的叫法，是指体重超过120kg的生猪。生猪超过120kg以后，随着生猪体重的增加，脂肪变厚，料肉比高。价格上涨期，饲养"牛猪"可增加养殖户收益；价格下跌期，由于"牛猪"养殖时间延长，料肉比高，养殖成本大，将增大养殖户的亏损。2018年9—10月，由于非洲猪瘟的影响，生猪出栏均重低于标猪。2019年第四季度，生猪价格奇高，在市场利好情况下，养殖户推迟生猪出栏，2020—2021年出栏生猪重量均高于标猪，如图6-1所示。2019年12月出栏生猪均重达到128.5kg/头，2020年生猪宰后白条肉均重高于2017年、2018年20kg左右(王俊勋，2020)，牛猪存栏量的增加提高了供应压力。

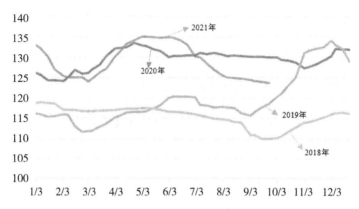

图 6-1 2018—2021 年生猪出栏均重(单位:kg/头)

数据来源:涌益咨询、国信期货

2021 年年初养殖户压栏惜售,叠加猪价高位回落,中大体重猪存栏占比连续提高。2021 年 5 月,一批存栏猪生长成"牛猪"。在市场利空情况下,加之高温天气,生猪生长缓慢,料肉比提高,这批"牛猪"不得不上市销售,杀跌现象持续爆发。2021 年春季以来这一轮"屠牛",持续时间更长、"牛猪"数量更庞大且出栏体重创下历史新高,部分生猪出栏体重已超过 200kg。生猪养殖投资大,生猪生产周期较长,资金周转慢。自繁自养模式,从配种、断奶到商品猪出栏,养成标猪需要大约 10 个月的时间(顾立伟,2014);专业育肥模式,从购买仔猪到出栏,需要 6 个月左右时间。一旦发生深度亏损,导致养殖户背负债务,给养殖户的生活带来严重影响,甚至发生养猪致贫现象。

生猪销售是养殖户面临的最重要问题之一(顾立伟,2014),研究价格波动背景下养殖户的销售决策行为,对于优化生猪销售模式、提高养殖户收入、实施乡村振兴战略、巩固脱贫攻坚成果具有重要意义(侯淑霞等,2020;范垄基,2015)。

现有文献对养殖户的绿色生产行为(龚继红等,2019;何悦和漆雁斌,2021)、购买保险行为意愿(张燕媛,2017;姚琦馥和田文勇,2020)等方面做了一些研究，但对养殖户销售决策行为研究的较少，更少有基于生猪价格波动背景分析养殖户的生猪销售决策行为。根据生猪销售的特殊性，本章利用河南省养殖户的调查数据，基于前景理论，构建计量模型，分析养殖户生猪销售方式选择、生猪销售议价权、销售信息来源渠道等，着重研究价格波动背景下生猪销售决策行为的影响因素及影响程度。

6.1　养殖户生猪销售决策行为

农产品销售作为中国农户家庭经营的一项重要经济活动，一直受到各级政府、学术界、产业协会关注。我国生猪养殖户数量众多，生猪售价低于养殖成本将导致其资金链断裂，资金的循环与周转不畅，资金压力大，后续生产经营无法正常投入。近几年在生猪养殖行业出现"二次育肥"这一新名词，即养殖户购买正常的出栏生猪或体重低于标猪的非仔猪，对其进行再次饲养，育肥至重量达 150kg 左右再出栏。生猪价格上涨期，"二次育肥"现象时有发生，这是市场上出现"牛猪""大象猪"的原因之一。生猪市场最大的利空促使"牛猪"大规模出栏，或均重低于标猪出栏，均导致生猪养殖效率降低。生猪价格下行压力增大，出栏数量的攀升叠加出栏体重的增加，难以准确预估生猪实际存量。因此最近一轮猪价下跌的幅度远远超出了市场预期，养殖风险加大。

国家高度重视生猪销售流通。2006—2021 年的中央一号文件中，多次提到做好农村农业商品流通、建设农村现代流通体系和全国鲜活农产品"绿色通道"网络，提高市场流通效率，健全农产品市场流通法律制度，完善鲜活农产品直供直销体系等。农产品销售流通体系的建设与完善是兴农助农的关键。

目前生猪市场产销脱离，流通体系仍然滞后，产销纵向一体化进程缓慢。生猪处于养殖链最末端，育肥期是生长发育速度最快的阶段，出栏体重太小，不能发挥最佳的生长遗传潜力，体重太大，则增加饲养成本和圈舍占用成本等。养殖户合理确定出栏时机，是提高养殖效益的有效途径之一。

6.1.1　养殖户销售方式选择

　　生猪销售方式有多种类型。从养殖户生猪销售方式选择的实际分布情况来看(图 6-2)，包括自行销售，或通过猪贩子、猪经纪人+猪贩子销售，或者卖给猪肉加工企业、屠宰场等。每个养殖户生猪销售方式通常有两种或两种以上，生猪销售的组织化程度非常低。自行销售一般有两种方式：代宰后自己卖肉和自建销售渠道。代宰后自己卖肉这种销售方式比较少，对于大规模养殖户，这种销售方式销量太小，如宰后不能完全出售，增加冷藏成本或损耗，只有天冷或过节时宰杀一部分。自建销售渠道的养殖户有自己的猪肉零售店，因销量小，也仅适用于养殖规模不大的养殖户。较大规模养殖户仅能通过自有猪肉零售店实现部分生猪销售。

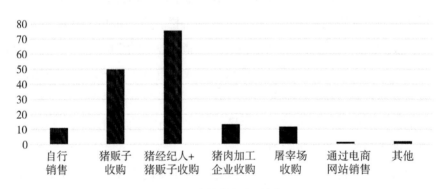

图 6-2　生猪销售方式(单位:%)

　　所有销售方式中，首选是"猪经纪人+猪贩子"方式。生猪经纪人是伴随生猪产业发展和社会分工的需要，解决小生产和大市场矛盾、沟通产销关系的从业人员。生猪经纪人(促成养殖户和猪贩子之间达成交易，按头收取佣金)一般是当地人，他们比较熟悉生猪养殖、出栏情况以及生猪市场需求，充分利用信息资源获得佣金收益，可降低生猪交易成本。猪贩子是专门从事生猪买卖的生猪收购商。通过"猪经纪人+猪贩子"销售生猪的养殖户比较多，占比高达 75.41%。生猪直接出售给猪贩子这种销售方式也是养殖户的选择偏好，占比 49.72%。从事养殖时间较长的养殖户，认识一些猪贩子，直接获取生猪需求信息。总之，猪贩子收购是养殖户销售生猪的主要渠道。通过猪肉加工企业或屠宰场销售的比例不高，分别占 13.26% 和 11.60%。也有比例很小的养殖户通过电商网站销售生猪。养殖户经常联系的生猪收购商情况是：125 户养殖户常联系的收购商不到 3 个，占样本总量的 34.53%，206 户养殖户常联系的收购商是 3~5 个，占样本总量的 56.91%，26 户养殖户常联系的收购商是 6~10 个，占样本总量的 7.18%。调研中了解到，因生猪集中屠宰的要求以及生猪运输的限制，收购商上门收购是生猪销售的一大特点，上门收购方式节约交易成本。

6.1.2 市场价格信息获取渠道

信息资源在农业生产决策中发挥重要作用。随着信息技术的发展及农业现代化政策的推进，各种信息载体越来越多，如微信等即时聊天工具、专业门户网站、电视等。养殖户与市场的联系愈来愈紧密，高效的市场经济给养殖户带来收益的同时，也因生猪价格剧烈异常波动，导致养殖风险增加，养殖户收益极不稳定。

生猪市场价格信息是养殖户生猪销售的重要决策依据，具有多元来源渠道。然而养殖户对市场价格信息的了解程度毕竟是有限的，其信息利用能力和信息鉴别能力不高，存在较大的差异性（薛洲和曹光乔，2017）。不同的销售模式，养殖户对市场价格信息的准确了解程度不同，信息对销售决策的影响存在差异。

因为信息传播渠道多元化，传统的电视、广播媒体已不是养殖户获取信息的主要来源。根据调查数据，养殖户市场价格信息获取渠道主要包括生猪批发市场、行业网站、同行（邻里、亲朋）、猪经纪人、猪贩子、生猪展销会、电视与广播等媒体以及其他获取渠道，如图 6-3 所示。在这些信息渠道中，养殖户获取信息的首要来源是同行与经纪人，选择这两种渠道的养殖户占到总样本的 53.87% 和 56.91%，其次信息来源的主要渠道是猪贩子，占到总样本的 41.71%。这与被调查地区养殖户的主要销售渠道有关。河南生猪养殖的养殖规模较大，多数养殖户年出栏量在千头以上，生猪商品化率几乎达到 100%，绝大多数养殖户通过经纪人联系生猪贩子，猪贩子也主要通过经纪人获取生猪出栏信息。养殖户在生猪出栏时为了降低生猪检验检疫、交通运输、搜寻交易者(猪贩子)等交易成本(宋雨河，2015；乔辉，2017)，往往会选择交易成本最低的销售模式：养殖户—经纪人—猪贩子—屠宰公司/批发市场。生猪价格信息来自生猪批发市场、行业网站、电视、广播等媒体分别占比为 38.12%、37.57%、21.27%。调研过程中得知，同行通过朋友圈或口口相传传递信息，这些信息对养殖户影响大，"邻里效应"明显。

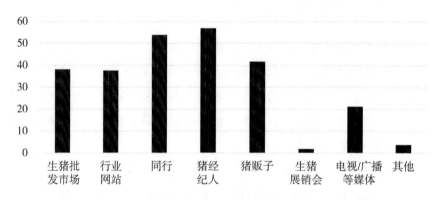

图 6-3　生猪市场价格信息获取主要渠道分布状况(单位:%)

2021 年 1 月 8 日生猪期货上市，虽然期货市场具有价格发现功能，但一般养殖户不关注此信息。预调研时把"生猪期货市场"作为信息渠道选项，大多数养殖户不知道有该信息来源，正式调研时把该选项去掉。此外，小部分养殖户通过其他途径获取生猪价格信息，如合作社、猪肉零售商等。

6.1.3　交易方式及议价权

生猪销售的交易形式包括市场交易、口头协议、书面合同、合作社等，其中主要采用市场交易和口头协议形式，如表 6-1 所示。市场交易也是自由交易方式，买卖发生前，双方没有任何形式的约定，也没有就交易标的的数量、价格、交易时间等进行沟通。口头协议形式已就交易标的进行"谈判"，由收购商支付一定的定金，但存在拖欠货款现象，47.79% 的养殖户有被拖欠销售款的经历。

生猪销售过程中，养殖户议价能力较弱，被动地接受收购商的价格（顾立伟，2014）。调研时最近一轮猪价已经开始下跌，跌速之快，跌幅之大，前所未有，养殖户预期悲观，出现抛售现象，收购方趁机压价。在生猪供应链上，养殖户位于中间环节，既是生产者又是销售者，在养殖户和猪肉消费者之间有生猪经纪人、收购商、屠宰商、零售商等，养殖户认为出售生猪时没有议价权的占 31.22%，认为有议价权的仅占 12.43%，更多的养殖户认为议价权一般，养殖户在生猪供需博弈中处于劣势。

表 6-1　生猪销售形式及议价权

指标	选项	频数（户）	频率（%）	指标	选项	频数（户）	频率（%）
生猪销售的交易形式	市场交易	195	53.87	出售生猪时的议价权	很小	49	13.54
	口头协议	145	40.06		比较小	64	17.68
	书面合同	16	4.42		一般	204	56.35
	合作社	5	1.38		比较大	34	9.39
	其他	1	0.28		非常大	11	3.04
总计		362	100.00	总计		362	100.00

6.2　价格波动背景下养殖户销售决策行为机理分析

生猪价格波动频繁，无论上涨期，还是下跌期，生猪销售一直处在动态环境中。由于价格信息的不确定及不对称性，养殖户的销售决策具有有限理性。2021年春节后，如果养殖户选择在这一时期顺势出栏，养殖户还是能够盈利，并且利润相当可观。但是，前期生猪价格在高位运行时间较长，价格回落时期，很多养殖户盼涨，选择压栏惜售，超大猪(牛猪)、大猪的数量很大，生猪供给增加，导致价格进一步下跌(闻一言，2021)。为了减少生猪价格降低与饲养成本上升带来的损失，养殖户不得不出栏生猪，错过了最佳的出栏时机，每头生猪从正常销售盈利上千元，到最后亏损出售。生猪销售时机的确定是养殖户的重要决策，影响其收益的高低。本章基于前景理论，构建计量模型，利用河南省养殖户实地调查数据，研究影响其销售决策行为的因素，为促进生猪价值转移、增加养殖户收入提供理论依据。

6.2.1 基于前景理论的销售决策行为机理分析

养殖户在生猪市场处于弱势地位。因信息不对称，养殖户不能应用"货到地头死"的商业法则。河南生猪养殖户数量多，养殖规模大，一旦竞相抛售，定会在市场上形成一种恐慌氛围，产生挤压效应。单个养殖户议价能力弱，更没有价格控制权，若积极寻求收购方，必将导致猪价下降得更快，价格可能跌破养殖户心理参考点，甚至跌破盈亏平衡点。

生猪销售包括多次出栏决策，每次出栏决策都是以获取收益或减少亏损做出的。在生猪养殖过程中，生猪销售是一系列的出栏决定，直到停止养殖。自2006年以来，我国生猪生产共有4次大波动，生猪价格周期性波动的特点，决定了养殖户无法根据当前的市场变动配置资源，正常情况下，圈养的生猪最少需要6个月出栏，最多9个月出栏。猪价较高时，猪只体重小，达不到标猪(110kg~120kg)体重，出售不经济；达到出栏条件时，猪价可能较低，即便暂时推迟出栏，但饲养到一定时间，猪只体重太大，料肉比高，养殖效率低，也不得不出栏。养殖户的收益取决于生猪出栏价格及饲养成本。价格波动直接影响养殖户的收益，在不同的价格条件下，销售决策可能会发生变化。一些学者研究在恒定价格条件下的生猪销售行为，然而，由于生猪价格波动，即使在较大的上涨期或下跌期，小幅振荡一直存在，养殖户预期价格变化前景，做出销售决策(Pourmoayed and Relundnielsen，2020)。

生猪销售阶段，养殖户面临多种风险，包括环境风险、疫病风险、品质风险、价格风险等。具体如图6-4所示，环境风险主要包括自然环境风险(水灾、火灾等)和社会环境风险(如新冠疫情)，属于小概率的突发事件风险；这一时期仍然面临疫病风险，如非洲猪瘟；品质风险指标主要是瘦肉率及脂肪含量。养殖户做出销售决策时，面临的主要风险是生猪价格的不确定性。价格是外生的，养殖户根据个人对未来价格和收益的预期，决定生猪出栏的时间和数量。在动态的市场环境中，养殖户基于自己的认知和能力，采取风险规避措施，调整经营决策，以实现利益的逐步改善，或避免出现持续性亏损。

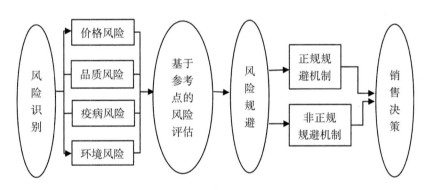

图6-4 养殖户销售阶段的风险管理

生猪销售存在追涨杀跌现象，养殖户具有明显的参照依赖效应(Kahnemanand and Tverskey，1979)。由于养殖户和生猪大市场之间信息不对称，其获取的市场信息不可能充分、完整，造成养殖户难以准确把握生猪市场行情，致使其销售决策具有有限理性。从第3章关于生猪价格波动分析表明，生猪价格波动幅度越来越大。生猪价格波动上升时，养殖户预期价格仍会继续上扬。为获取更多养殖收益，养殖户惜售心理增强(顾立伟，2014)，压栏现象凸显，短期内必将造成价格抬升(王刚毅等，2018)。

一旦生猪价格自最高峰值逐渐回落，养殖户惜售心理慢慢减弱。生猪作为鲜活农产品，无法储存。养殖户销售心理变化最终导致生猪出栏时间的集中度提高，短期内生猪供给大量增加，市场供过于求。由于养殖户前期压栏惜售，造成上市生猪的体重较大，收购方往往采取压价收购，生猪价格急速下跌。

养殖户具有有限理性和有限利己特征。养殖户是有限理性的经济人，是"经济人""生产者""社会人"的复合体，其行为决策中首先关注自身利益。养殖户的预期收益前景是影响其行为决策的重要因素。因生猪活体调运，生猪市场范围越来越大，养殖户面临的不确定性也越来越多。养殖户的"有限理性"使其在风险较小化前提下，追求相对利润最大化。圈舍的固定成本为一次性投入，仔猪、饲料的变动成本与养殖规模有关。在生猪出栏时，养殖户根据预期价格前景做出销售决策。

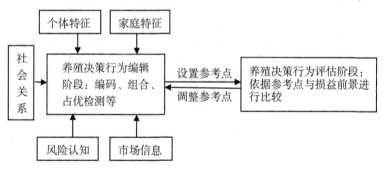

图 6-5　养殖户销售决策行为形成机理

然而，养殖户作为社会人，其行为具有社会属性。因生猪价格不确定，养殖户预期收益没有最大值。生猪出栏时不亏损，是养殖户的最低心理要求。养殖户作为有限理性的决策主体，对决策结果只能是相对满意。卡尼曼研究表明，养殖收益从经济方面影响养殖户的行为，风险认知从心理方面影响养殖户的行为(李拓，2017)。养殖户在此双重影响下，面临的生猪销售情况具有不确定性。养殖户做出销售决策时，一般经历编辑和评价两个阶段。基于前景理论，养殖户销售决策行为选择机理如图 6-5 所示，在编辑阶段，养殖户的心理账户设置一个价格参考点，并受自身特征、资源约束及外部环境的影响进行重置；在评价阶段，以此参考点为基准判断出栏时损益水平，并调整参考点，"适时"做出销售决策。

6.2.2 研究假设

养殖户销售决策行为发生受内因(沈鑫琪和乔娟，2019)和外因(姚增福，2013；李国祥，2019)共同作用。内因主要有追求利益、风险偏好，形成决策主体盈亏的参考点和心理账户。外因主要有社会关系、市场信息等。借鉴已有研究成果及本研究的理论分析模型，基于前景理论，设置了影响养殖户决策的五大类不可观测变量，概括为个体特征、家庭特征、风险认知、社会关系、市场信息 5 个维度(李文瑛和肖小勇，2017)。

(1)个体特征维度(受教育时间、养殖时间)

个体特征对养殖户销售决策行为有影响。知识和经验不同，反映个体决策者的知识水平和认知能力(姚增福，2013)。养殖户的学历教育代表其文化层次，不同的受教育水平，接受及利用信息的能力、风险偏好等不同。养殖年限不同，价格涨跌前景出栏时间调整行为存在差异(沈鑫琪和乔娟，2019)。个体特征的两个测量变量均可以提高养殖户自身对行为决策的控制能力。

(2)家庭特征维度(专业化程度、家庭经济状况)

家庭特征对养殖户销售决策行为有影响。家庭特征维度主要包括养猪专业化程度和家庭经济状况。专业化程度的界定在第 5 章已经阐述说明。专业化程度越高，家庭经济状况越好，在价格涨跌前景下，调整出栏时间的可能性越小。专业化程度低，家庭经济状况差，价格上涨前景，推迟出栏的可能性大，价格下跌前景，提前出栏的可能性大(彭玉珊等，2011；张园园等，2015)。

(3)风险认知维度(风险偏好、是否投保)

养殖户普遍认同生猪养殖风险很大,但价格高企带来的丰厚利润,即使是风险厌恶者,也可能进入生猪养殖产业。风险认知一定程度上反映决策者的心智水平,风险偏好型养殖户,在价格上涨前景,推迟出栏的可能性大,这一轮强周期,养殖户过度压栏行为导致受损。养殖户购买保险,说明其对生猪养殖风险有清晰的认知(侯麟科等,2014;张燕媛,2020)。养殖户风险认知程度越高,在价格涨跌前景下,调整出栏时间的可能性越小,一般选择按原计划出栏或标猪出栏。

(4)社会关系维度(收购方是否拖欠货款、经常联系生猪收购商数量、出售生猪时的议价权、组织模式)

社会关系是人们在生产过程中形成的人与人之间的关系,包括协作关系、交换关系等。本章通过收购方是否拖欠货款、经常联系生猪收购商数量、出售生猪时的议价权、组织模式四个指标进行反映。社会关系影响个体决策心理,养殖户决策行为随着环境和心理等因素变化而不断发生调整,是一个动态的决策过程。通常情况下,生猪养殖户决策动机在于获取收益最大化或亏损最小化,受制于社会关系等因素,这一目标只能有限地实现。在价格涨跌前景下,社会关系状况影响养殖户销售决策行为,可能调整出栏时间(姚增福,2013;王宏梅和赵瑞莹,2019)。

(5)市场信息维度(是否了解其他地区生猪收购价格、获取生猪价格信息难易程度)

价格涨跌前景是影响养殖户销售决策行为的重要因素。养殖户出售生猪时了解价格信息并做出预判,交易过程中决策主体参照有限他人的交易,除比照别人的交易价格(李国祥,2019),还估计价格走势,预期价格上涨还是下跌。短期内价格小幅涨跌是常态,一天一价。市场信息通过是否了解其他地区生猪收购价格和获取生猪价格信息难易程度来测度,预计价格上涨前景或下跌前景,均对养殖户的销售决策行为产生影响。每个养殖户只能按照有限价格信息做决策(于全辉,2006)。

6.3 变量选取及描述性统计

6.3.1 变量选取

本章重点关注价格波动背景下养殖户销售决策行为，数据来源于调研获得的一手资料，数据搜集与获取的详细过程、有效样本特征情况、问卷内容设计等详见第五章。变量选取包括因变量和自变量。生猪供给量与出栏量、出栏体重正相关。低于标猪体重出栏为提前出栏，超过标猪体重出栏为推迟出栏，也称压栏。涨价前景，生猪养殖户前期可能压栏一部分生猪，因一般料肉比为 2.7∶1 左右，即生猪吃近 3 千克饲料体重增加 1 千克，价格"疯涨"时，出栏生猪体重增加可提高养殖收益。养殖户如预期价格下跌前景，将不足 110~120 千克的生猪提前出栏，现实中确实存在二次育肥市场，即不足 90 千克的生猪出栏(李国祥，2019)。价格涨跌前景下，养殖户的销售决策行为是不同的，生猪价格上涨或下跌，养殖户的出栏安排有三种情况：提前出栏、不变、推迟出栏，因变量设置 Y_1(生猪价格上涨，出栏安排)和 Y_2(生猪价格下跌，出栏安排)两个代理变量。

基于前文的分析自变量设置 5 个维度：个体特征、家庭特征、风险认知、社会关系、市场信息。这 5 个维度均是潜变量，需要观测变量进行表征，具体见表 6-2。

6.3.2 变量描述性统计分析

自变量五个维度为外生潜变量(影响因素)，销售决策行为作为研究的因变量(内生潜变量)，潜变量不能直接测量，由多个测量指标(显变量)来体现。受教育时间(X_1)和养殖时间(X_2)为连续性变量，以实际值纳入模型。养猪专业化程度(X_3)、风险偏好(X_5)、经常联系生猪收购商数量(X_8)为分类变量，分别确定参照组，进行虚拟变量转换，其余变量为 0~1 虚拟变量，变量定义及具体说明见表 6-2。

表6-2　变量定义及说明

变量类型		变量名称	代码	定义或赋值
因变量		生猪价格上涨，出栏安排 生猪价格下跌，出栏安排	Y_1 Y_2	1=提前出栏；2=不变；3=推迟出栏 1=提前出栏；2=不变；3=推迟出栏
自 变 量	个体特征 维度	受教育时间	X_1	连续性变量
		养殖时间	X_2	连续性变量
	家庭特征 维度	养猪专业化程度	X_3	分四组，以30%以下为参照组，设置X_31、X_32、X_33三个虚拟变量，分别对应"30%~49%""50%~80%""80%以上"
		经济状况	X_4	1=好；0=差
	风险认知 维度	风险偏好（三种类型投资，倾向选择项目）	X_5	分三组，以风险大，收益或亏损大为参照组，设置X_51、X_52两个虚拟变量，分别对应"风险中等，收益或亏损中等""风险小，收益或亏损小"
		是否参加生猪养殖保险	X_6	1=是；0=否
	社会关系 维度	是否拖欠货款	X_7	1=是；0=否
		经常联系生猪收购商数量	X_8	分四组，以小于3个为参照组，设置X_81、X_82、X_83三个虚拟变量，分别对应"3~5个""6~10个""10个以上"
		出售生猪时的议价权	X_9	1=有；0=没有
		组织模式	X_{10}	1=个体养殖户；0=其他（公司+养殖户、合作社养殖等）
	市场信息 维度	是否了解其他地区生猪收购价格	X_{11}	1=是；0=否
		获取生猪价格信息难易程度	X_{12}	1=容易；0=不容易

6.4　模型估计与结果分析

6.4.1　计量模型

为了检验养殖户销售决策行为的影响因素及影响程度，拟采用有序 Logit 模型进行实证分析。销售决策行为两个因变量均为多元有序分类变量，代表各类别的数值型取值并没有实质性含义，类别间的距离在数值上相差 1，更大的取值只是代表程度上的"更加"。本研究使用有序 Logit 模型进行实证分析，该模型较广泛地应用于研究在测量层次上并不连续的变量（定序变量），这种变量分为相对次序的不同类别，而在每个累积次序之间，可以得到一致的回归系数（瓦尼·布鲁雅，2012）。假设有一个由 j 类别组成的定序因变量 $Y(Y = 1, \cdots, j)$，

令 $L_j(X) = \text{logit}\,[F_j(X)]$，其中，$F_j(X) = P(Y \leq j \mid X)$ 是 j 类别的累积概率函数。

根据前文假设，本研究有序 Logit 模型表述如下：

$$y^* = \beta X + \varepsilon \tag{1}$$

（1）式中 y^* 是无法观测但与 Y 有对应关系的潜变量，y^* 与 Y 的关系如下：

$$Y = \begin{cases} 1, & y^* \leq \alpha_1 \\ 2, & \alpha_1 < y^* \leq \alpha_2 \\ 3, & \alpha_2 < y^* \leq \alpha_3, \\ \cdots\cdots \\ j, & \alpha_{j-1} < y^* \end{cases} \tag{2}$$

其中：Y 是定序因变量，代表价格波动背景下，养殖户销售决策行为的分类取值；$P_j = P(Y = j)$，是自变量给定的情况下 Y 取 j 时的概率，$j = 1，2，3$；X 是自变量向量（具体指标见表 6-2），β 是待估系数向量，ε 是

误差项；$\alpha_1 < \alpha_2 < \cdots < \alpha_{j-1}$ 为待估参数，也被称为切点，在 Stata 输出结果中为 Cut1，Cut2。

6.4.2 实证结果分析

本研究运用 Stata15.0 软件，对价格波动背景下养殖户销售决策行为和个体特征、家庭特征、风险认知、社会关系、市场信息之间的关系进行有序 Logit 回归分析。两个模型平行性检验 P 值分别为 0.680 和 0.253，接受原假设，均通过平行性检验。表 6-3 报告了模型回归分析结果。

表 6-3 有序 Logit 模型估计结果

自变量		模型 1		模型 2	
		β_i	e^{β_i}	β_i	e^{β_i}
个体特征维度	X_1	0.031(0.043)	1.032	0.065(0.047)	1.067
	X_2	-0.045**(0.018)	0.956	-0.028(0.021)	0.972
家庭特征维度	X_31	0.265(0.323)	1.302	-0.351(0.372)	0.704
	X_32	0.199(0.285)	1.221	-0.512(0.350)	0.599
	X_33	0.109(0.313)	1.115	-0.873**(0.389)	0.418
	X_4	0.487**(0.223)	1.628	-0.067(0.218)	0.935
风险认知维度	X_51	-0.057(0.224)	0.945	0.277(0.227)	1.319
	X_52	-1.116***(0.373)	0.327	0.672**(0.350)	1.959
	X_6	-0.521**(0.249)	0.594	0.524**(0.253)	1.688
社会关系维度	X_7	0.164(0.212)	1.179	-0.499**(0.230)	0.607
	X_81	0.068(0.229)	1.070	-0.037(0.244)	0.963
	X_82	-0.041(0.480)	0.960	0.153(0.372)	1.165
	X_83	-0.067(0.693)	0.936	0.580(0.666)	1.785
	X_9	-0.380(0.236)	0.684	-0.462*(0.245)	0.630
	X_{10}	0.011(0.248)	1.011	0.029(0.261)	1.030

续表

自变量		模型 1		模型 2	
		β_i	e^{β_i}	β_i	e^{β_i}
市场信息维度	X_{11}	0.665**(0.269)	1.944	-0.187(0.295)	0.830
	X_{12}	0.573**(0.282)	1.774	0.072(0.328)	1.074
切点估计值	Cut1	-0.575***(0.656)	—	-0.170***(0.767)	—
	Cut2	0.714***(0.657)	—	1.036***(0.261)	—
卡方值	LR chi2	40.40		27.49	
P 值	Prob>chi2	0.0011		0.0513	
似然值	Log likelihood	-357.006		-351.883	

注：括号里为稳健标准误，10%、5%和1%的显著性水平分别用 * 、 * * 和 * * * 表示。

依据模型拟合优度检验的参考指标，各模型 χ^2 检验统计量分别在 1% 和 10%的水平下显著，表明有序 Logit 模型估计结果整体上较好。需要说明的是，调研数据为截面数据，一般不容易出现自相关现象，但很容易产生异方差现象，估算模型均采用了稳健标准误来修正可能存在的异方差的影响。e^{β_i} 是系数 β_i 的指数转换，为 OR（Odds ratio）值，也称比值比或优势比。

（1）个体特征因素的影响

个体特征的受教育时间变量指标（X_1）在两个模型里均未通过显著性检验，但呈正相关，在一定程度上说明养殖户推迟出栏倾向。不同的前景下，影响程度不同。养殖时间（X_2）在模型 1 中通过显著性检验，回归系数值为-0.045，对应 e^{β_i} 的值为 0.956，说明养殖经历越丰富，价格上涨前景下，越不倾向于推迟出栏。养殖时间长，经受过猪周期的"洗礼"，压栏惜售还是有风险的，2021 年春节后生猪供给增加说明了这一现象。在模型 2 中不显著，系数为负，说明与模型 1 的影响有同向性。这与沈鑫琪和乔娟（2019）的研究结论不完全一致，可能是采用分析方法和调研对象的差异导

155

致的。

（2）家庭特征因素的影响

家庭特征因素的两个变量指标（X_3、X_4）分别在两个模型里通过显著性检验，与张园园等（2015）的研究结论一致。养猪专业化程度（X_3）在模型 2 中系数为 -0.873，e^{β_i} 的值为 0.418，在 5% 的显著性水平下通过检验，说明专业化程度越高，价格回落前景下，越不倾向于推迟出栏。本研究认为，养殖专业化程度越高，养殖户对出栏时机的把握越恰当，投机性越小，提高养殖专业化程度有助于稳定生猪供给。经济状况（X_4）在模型 1 中系数为 0.487，e^{β_i} 的值为 1.628，在 5% 的显著性水平下通过检验，说明在价格上涨前景下，家庭经济状况越好，越倾向于推迟出栏。调研时，生猪价格触顶后开始回落，有些养殖户通过压栏出售大幅提高了养殖收益。

（3）风险认知因素的影响

风险认知因素的两个变量指标（X_5、X_6）均在两个模型里通过显著性检验。风险偏好（X_5）在模型 1 中系数为 -1.116，e^{β_i} 的值为 0.327，在 1% 的显著性水平下通过检验，在模型 2 中系数为 0.672，e^{β_i} 的值为 1.959，在 5% 的显著性水平下通过检验。参加生猪养殖保险（X_6）均在 5% 的显著性水平下通过检验，在模型 1 中系数为 -0.521，e^{β_i} 的值为 0.594，在模型 2 中系数为 0.524，e^{β_i} 的值为 1.688。

风险偏好者在不同的价格前景下，销售决策行为选择不同。在价格上涨前景下，风险偏好越高，越不倾向于推迟出栏。本研究认为超强猪周期对养殖户风险预期产生很大影响，经历较长时期的价格上涨，压栏惜售后遭受价格持续下跌，颠覆之前的风险认知。在价格下跌前景下，风险偏好越高，越倾向于推迟出栏，这是盼涨心理所致，预期价格可能出现回升前景，以自己的心理账户确定出栏时机。

（4）社会关系因素的影响

社会关系因素四个变量指标（X_7、X_8、X_9、X_{10}）从不同的侧面体现生猪交易时的势力，养殖户能够利用自己方方面面的社会关系资源。养殖户获得自认为较为丰富、有效的市场交易信息(姚增福和郑少锋，2013)，并且能够对市场交易信息进行评估。养殖户基于自己掌握的信息资源，进行相对准确的前景预期，影响销售决策行为。社会关系四个变量在模型1中均未通过显著性检验，但存在不同程度的影响，反映出养殖户对盈利前景或亏损前景不同的敏感度。是否拖欠货款(X_7)和出售生猪时的议价权(X_9)在模型2中显著。是否拖欠货款(X_7)系数为-0.499，e^{β_i}的值为0.607，在5%的显著性水平下通过检验，出售生猪时的议价权(X_9)系数为-0.462，e^{β_i}的值为0.630，在10%的显著性水平下通过检验，表明在价格下跌前景下拖欠货款，议价权越大，越不倾向于推迟出栏。本研究认为社会关系对销售决策行为选择的影响契合前景理论的基本内涵。在生猪价格下跌前景下，养殖户对养殖损失比对等量养殖收益反应更加强烈。养殖户在亏损状态下，风险规避意识越强，心理承受风险的能力越小。

(5)市场信息因素的影响

模型1中市场信息因素两个测量变量(X_{11}、X_{12})均在5%的显著性水平下通过检验，是否了解其他地区生猪收购价格(X_{11})系数为0.665，e^{β_i}的值为1.944，获取生猪价格信息难易程度(X_{12})系数为0.573，e^{β_i}的值为1.774，表明在价格上涨前景下，养殖户掌握的市场信息越充分，越倾向于推迟出栏。信息是养殖户销售决策的重要依据，以心理预期价格作为生猪销售决策的参考点。养殖户决策行为的"有限理性"得到验证，与压栏惜售行为一致。

6.4.3　稳健性检验

进一步采用多元 Logit 模型和多元 Probit 模型进行稳健性检验。分析结果见表 6-4 和表 6-5，结果表明，多元 Logit 模型的估计结果与上文有序 Logit 模型的估计结果保持一致。

表 6-4　多元 Logit 模型估计结果

自变量		模型 1		模型 2	
		$\beta_i(y_1=1)$	$\beta_i(y_1=2)$	$\beta_i(y_1=1)$	$\beta_i(y_1=2)$
个体特征维度	X_1	$-0.028(0.059)$	$-0.039(0.054)$	$-0.064(0.057)$	$-0.004(0.058)$
	X_2	$0.046^*(0.026)$	$0.060^{***}(0.023)$	$0.037(0.027)$	$0.012(0.032)$
家庭特征维度	X_31	$-0.060(0.489)$	$-0.705^*(0.428)$	$0.377(0.470)$	$0.404(0.521)$
	X_32	$0.068(0.437)$	$-0.808^{**}(0.406)$	$0.611(0.439)$	$0.659(0.489)$
	X_33	$0.229(0.479)$	$-0.688(0.428)$	$0.895^*(0.470)$	$0.245(0.537)$
	X_4	$-0.736^{**}(0.301)$	$-0.101(0.287)$	$0.074(0.301)$	$-0.020(0.349)$
风险认知维度	X_51	$0.142(0.320)$	$0.002(0.289)$	$-0.484(0.319)$	$-0.477(0.364)$
	X_52	$1.430^{***}(0.442)$	$0.108(0.535)$	$-0.942^{**}(0.432)$	$-0.873^*(0.532)$
	X_6	$0.635^*(0.337)$	$0.431(0.304)$	$-0.753^{**}(0.356)$	$-0.452(0.392)$
社会关系维度	X_7	$-0.093(0.287)$	$-0.349(0.267)$	$0.427(0.297)$	$-0.440(0.334)$
	X_81	$-0.208(0.312)$	$0.209(0.297)$	$0.055(0.320)$	$0.066(0.366)$
	X_82	$0.079(0.524)$	$-0.485(0.663)$	$-0.146(0.521)$	$0.128(0.573)$
	X_83	$-0.093(0.844)$	$-0.124(0.099)$	$-0.522(1.211)$	$0.958(1.237)$
	X_9	$0.381(0.316)$	$0.292(0.293)$	$0.678^{**}(0.300)$	$0.836^{**}(0.350)$
	X_{10}	$-0.909^{***}(0.333)$	$-0.267(0.369)$	$0.359(0.349)$	$0.529(0.422)$
市场信息维度	X_{11}	$-0.768^{**}(0.370)$	$-0.278(0.382)$	$0.136(0.382)$	$0.749(0.463)$
	X_{12}	$-0.017(0.341)$	$-0.124(0.321)$	$0.029(0.328)$	$0.307(0.392)$
常数	C	$-0.009(0.882)$	$-0.059(0.831)$	$0.292(0.902)$	$-1.410(0.989)$
Wald chi2		53.80		43.57	
Prob>chi2		0.0167		0.1260	
Pseudo R2		0.0770		0.0700	

注：括号里为稳健标准误，10%、5%和1%的显著性水平分别用 *、* * 和 * * * 表示。

以模型 1 为例，养殖时间对养殖户销售决策行为在有序 Logit 模型中呈显著的负向影响，估计系数为-0.045，即养殖户的养殖时间越长，养殖户更倾向于提前出栏。而在多元 Logit 模型中，养殖时间对养猪户行为呈显著的正向影响，估计系数分别为 0.046 和 0.060，即与延迟出栏相比，养殖户更倾向于选择出栏时间不变或者是提前出栏，这与有序 Logit 模型的估计结果保持一致。

表 6-5 多元 Probit 模型估计结果

自变量		模型 1		模型 2	
		$\beta_i(y_1 = 1)$	$\beta_i(y_1 = 2)$	$\beta_i(y_1 = 1)$	$\beta_i(y_1 = 2)$
个体 特征 维度	X_1	$-0.022(0.046)$	$-0.027(0.043)$	$-0.051(0.044)$	$0.001(0.045)$
	X_2	$0.037^*(0.020)$	$0.047^{***}(0.019)$	$0.028(0.020)$	$0.007(0.022)$
家庭 特征 维度	X_31	$-0.009(0.372)$	$-0.555(0.348)$	$0.284(0.364)$	$0.296(0.388)$
	X_32	$0.073(0.339)$	$-0.638^*(0.330)$	$0.531(0.339)$	$0.527(0.363)$
	X_33	$0.198(0.367)$	$-0.545(0.348)$	$0.724^{**}(0.363)$	$0.215(0.392)$
	X_4	$-0.547^{**}(0.230)$	$-0.108(0.225)$	$0.067^{**}(0.231)$	$0.001(0.253)$
风险 认知 维度	X_51	$0.120(0.244)$	$0.023(0.230)$	$-0.341(0.240)$	$-0.314(0.257)$
	X_52	$1.135^{***}(0.342)$	$0.171(0.378)$	$-0.714^{**}(0.338)$	$-0.591(0.379)$
	X_6	$0.490^*(0.254)$	$0.351(0.240)$	$-0.578^{**}(0.265)$	$-0.339(0.278)$
社会 关系 维度	X_7	$-0.080(0.219)$	$-0.272(0.212)$	$0.355(0.225)$	$-0.318(0.239)$
	X_81	$-0.150(0.240)$	$0.161(0.234)$	$0.058(0.243)$	$0.082(0.264)$
	X_82	$0.066(0.420)$	$-0.303(0.478)$	$-0.096(0.414)$	$0.124(0.438)$
	X_83	$-0.067(0.723)$	$-0.139(0.880)$	$-0.435(0.917)$	$0.732(0.922)$
	X_9	$0.261(0.232)$	$0.210(0.228)$	$0.498^{**}(0.230)$	$0.573^{**}(0.252)$
	X_{10}	$-0.718^{***}(0.262)$	$-0.265(0.277)$	$0.263(0.270)$	$0.353(0.299)$
市场 信息 维度	X_{11}	$-0.577^{**}(0.290)$	$-0.230(0.294)$	$0.070(0.294)$	$0.540^*(0.326)$
	X_{12}	$-0.027(0.264)$	$-0.110(0.254)$	$0.006(0.255)$	$0.238(0.283)$
常数	C	$-0.023(0.688)$	$-0.025(0.664)$	$0.254(0.697)$	$-1.083(0.725)$

续表

自变量	模型 1		模型 2	
	$\beta_i(y_1 = 1)$	$\beta_i(y_1 = 2)$	$\beta_i(y_1 = 1)$	$\beta_i(y_1 = 2)$
Wald chi2	55.60		43.63	
Prob>chi2	0.0111		0.1246	
Log pseudolike-lihood	−350.15915		−342.67249	

注：括号里为稳健标准误，10%、5%和1%的显著性水平分别用＊、＊＊和＊＊＊表示

6.5 本章小结

生猪销售是养殖户收回投资、实现收益的关键环节。生猪能否顺利销售、出栏时价位，直接关系着养殖户收益状况，进一步影响养殖户的生活水平。2021年春季以来"牛猪"产量及出栏体重均创下历史新高。生猪产销脱离，相对于养殖户出栏量大，流通体系仍然滞后，产销纵向一体化进程缓慢。生猪销售的组织化程度非常低，以"猪经纪人+猪贩子"为主要销售方式。市场价格信息是养殖户生猪销售的重要决策依据，信息来源渠道多元化，养殖户获取信息的主要来源是同行与经纪人。生猪销售阶段的主要风险是市场价格异常波动。在动态的市场环境中，养殖户基于自己的认知和能力调整经营决策，具有明显的参照依赖效应。养殖户是有限理性的经济人，追求相对利润最大化，预期价格前景，形成盈亏参考点和心理账户。

实证结果表明，预期价格上涨或下跌，个体特征、家庭特征、风险认知、社会关系、市场信息不同程度影响销售决策行为选择。养殖经历越丰富，养殖专业化程度越高，养殖户对出栏时机的把握越准确，投机性越小，因而提高养殖专业化程度有助于稳定生猪供给。本研究认为销售决策行为选择契合前景理论的基本内涵。

预期价格上涨，养殖户市场信息越充分，经济状况越好，越倾向于推迟出栏。养殖户能够利用社会关系资源，获得自认为较为丰富、有效的市场交易信息，并且能够对市场交易信息进行评估。盈利前景，以心理预期价格作为生猪销售决策的参考点。养殖户决策行为的"有限理性"得到验证，与压栏惜售行为一致。

预期价格下跌，风险偏好越高，越倾向于推迟出栏，这是盼涨心理所致，预期价格可能出现回升前景，以自己的心理账户确定出栏时机。养殖户基于自己掌握的信息资源，进行相对准确的前景预期，做出销售决策。在生猪价格下跌前景下，养殖户对养殖损失比对等量养殖收益反应更加强烈。养殖户在亏损状态下，风险规避意识越强，心理承受风险的能力越小。

本章的研究意义在于为养殖户优化销售决策、稳定生猪供给提供参考。建议政府完善信息服务平台，精准帮扶养殖户，在生猪销售出现困难时提供支持，增强养殖户抗风险能力。

本章存在截面数据及内生性问题等局限。另外，调研时养殖户刚经历过生猪价格较长时期的上涨，价格处于下跌期，使得销售决策行为的研究结论有一定的局限性。

第7章 价格波动背景下生猪
养殖户行为绩效

本章基于生猪供应链视角，探讨养殖户行为绩效。从管理学的角度看，绩效是组织愿景的结果。收益是行为绩效的体现，也是养殖户的预期决策目标，影响养殖户养殖规模决策最根本的因素是收益。生猪价格剧烈波动不仅给养殖户的生产生活带来巨大风险，影响其生产投资积极性和生活稳定性，而且导致土地、猪舍、饲料加工设备等资源的闲置浪费（王宏梅和赵瑞莹，2019）。供应链存在价值属性，仔猪、饲料、生猪及猪肉的价格通过供应链进行传导，各环节之间存在协整关系（贾伟等，2013），上游产品是下游产品价格波动的格兰杰成因，反之则不然。在价格传导过程中，存在不对称的长期均衡关系，上游产品的价格变动没有全部传递到下游产品，饲料价格影响很小，猪肉价格对上游产品价格上涨反应比下降敏感，生猪养殖户市场势力最弱（刘清泉等，2012；付莲莲等，2021）。养殖环节利润绝对量最低，养殖户在涨价过程中收益滞后，风险高且收益不稳定（姜楠和韩一军，2008），不同规模养殖户因成本不同，收益有一定的差别；屠宰企业因规模不同，净利润也有差异，贩运环节利润波动极小，品牌猪肉专卖店的利润高于超市及集贸市场。养殖环节资金收益率极低，贩卖生猪及猪肉收益高且稳（朱增勇，2021；石自忠等，2019）。

为比较分析生猪养殖户的行为绩效，即在价格波动中损益情况，本研究基于供应链的视角，利用成本收益指标及跟踪调研数据，对河南省养殖户生产经营行为绩效进行评价。

7.1 生猪供应链主要利益主体的经济学分析

生猪产业链由多个环节构成，主要包括良种繁育、生猪养殖、生猪销售、生猪屠宰和加工、猪肉制品销售等环节(张喜才和张利庠，2010)。良种繁育是生猪产业链始端，也是生猪养殖技术最高的环节，我国良种繁育技术低于美国、丹麦、德国等生猪养殖强国。生猪养殖与销售两个环节由同一主体完成，养殖环节面临价格、疫病等多种风险。生猪产业链主要包括以下主体：饲料企业、兽药企业、种猪繁育场户、仔猪繁育场户、养殖场户、屠宰加工场户等，如图7-1所示。

本章借鉴张莹(2015)、白华艳(2018)和邹嘉琦(2019)等的研究成果，对生猪产业链进行简化，界定生猪供应链仅包括产业链中关键环节，即生产、收购、屠宰加工和零售四个环节，对应主体分别是养殖场户、生猪商贩、屠宰企业和猪肉零售商。简化的生猪供应链反映生猪从生产到猪肉消费的过程，如图7-2所示。本章以四大关键利益主体作为研究对象，聚焦于自繁自养及专业育肥两种养殖模式，利用宏观统计数据及访谈、跟踪调研数据分析价格波动对生猪供应链利益分配的影响、不同养殖模式供应链各环节在价格波动中的获利状况。

7.1.1 生猪养殖户

生猪生产是生猪供应链中最重要的环节之一，涉及众多养殖户和规模养殖企业。本研究的养殖主体是从事生猪养殖的农户，根据2020年《中国畜牧兽医年鉴》统计，2019年河南年出栏5000头以下生猪的养殖场户为404684户，占总养殖场户的99.73%。因非洲猪瘟及其他因素影响，2019年下半年及2020年全年，生猪供给严重短缺，国家出台多项政策促进生猪养殖，大型养殖企业数量有所增加，养殖户数量仍占比较高。养殖户具有收益最大化、价格风险等经济观念，生产决策行为受这些观念的影响，其

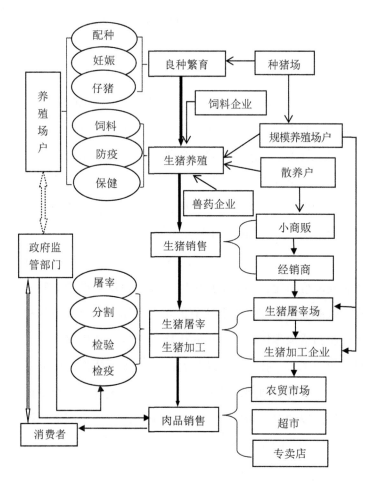

图 7-1　生猪产业链结构

最终的生产目标是在约束条件下追求尽可能大的收益，决策行为具有有限理性。因此，在追求收益的过程中，养殖户在多种限制条件下进行判断、衡量与选择，调整生产规模以谋求收益，前文已做了分析。养殖户作为一个经济个体，其养殖生命周期会影响他是否继续养殖或调整养殖量的决策。养殖户发展路径如图 7-3 所示。

　　根据调查数据及访谈获取的信息，发现生猪养殖户组织化程度很低，

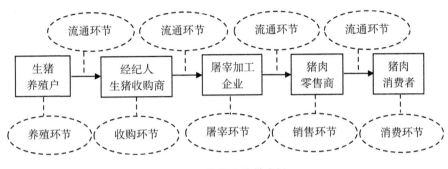

图7-2 简化生猪供应链

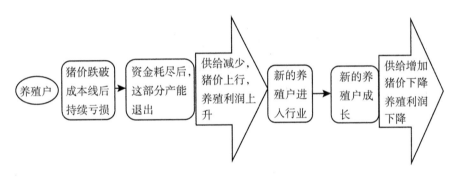

图7-3 养殖户发展路径

如表7-1所示，被调查养殖户中，养殖组织模式包括以下类型：个体养殖、公司+养殖户、合作社养殖、公司+基地+养殖户、屠宰企业+养殖户等，其中个体养殖模式最多，占被调查养殖户的77.07%，合作社养殖模式的比例仅为8.56%，其他养殖模式占比分别为10.22%、2.21%、0.55%。农村生猪养殖专业合作组织以及行业协会没有充分发育，部分合作社"名实不符"，没有发挥实际作用，达不到"真正合作社"的本质规定和标准（邓衡山等，2016）。养殖户在生猪供应链上承担最大风险，既要承担生猪疫病风险，又要承担成本上涨及价格波动风险，养殖户应对市场风险的能力较弱，在生猪供应链中处于高风险、低收益的地位。

表 7-1　养殖组织模式

指标	选项	频数(户)	频率(%)
养殖组织模式	个体养殖	279	77.07
	公司+养殖户	37	10.22
	合作社养殖	31	8.56
	公司+基地+养殖户	8	2.21
	屠宰企业+养殖户	2	0.55
	其他	5	1.38
总计		362	100.00

生猪产业在购销体制上经历了自由购销、派购统销、议购议销及新的自由购销四个阶段(宋冬林和谢文帅,2020)。当前自由购销市场中,生猪养殖户的市场地位不高,在供应链上下游博弈中处于劣势,议价能力弱。养殖户仔猪来源渠道主要包括:自繁自养、仔猪交易市场、仔猪贩子、其他仔猪繁育场,分别占比 84.81%、16.85%、14.09%、21.55%,自繁自养户较多。生猪行情利好时,自产仔猪量达不到养殖规模目标,养殖户外购仔猪。仔猪价格信息的来源主要有仔猪交易市场、行业网站、仔猪贩子以及同行,达成交易的价格是市场价或仔猪卖方定价。饲料采购渠道主要包括经销商或代理商、饲料厂,分别占比 64.92% 和 30.94%,网上采购及自己有饲料厂的很少,合计仅占 3.86%。养殖户了解的饲料供应商众数为 2-6,发生业务联系的众数为 2-3,购买饲料的交易方式主要有市场交易、口头协议和书面合同,分别占比 45.30%、37.57% 和 12.98%,购买饲料的价格主要有市场价、协商定价、经销/代理商定价,分别占比 38.95%、26.80% 和 34.25%。饲料企业之间竞争激烈,养殖户饲料采购时可以赊账,由卖方送货上门,但交易发生时大部分养殖户仍没有议价权。生猪出栏时销售情况及在供应链中的市场地位,在前文已经进行分析。

7.1.2 生猪收购商

生猪收购商是生猪养殖户个体生产与生猪市场紧密联系的中间人。随着市场经济的发展，社会分工越来越细，分离出更多的行业，产生相应的从业者。生猪养殖规模的不断扩大，养殖户没有能力做到自产自销，于是在生猪养殖行业产生了一批中间商：生猪收购商，生猪收购商主要指"猪贩子"。因降低交易成本，衍生出"生猪经纪人"，其促成养殖户和猪贩子交易。养殖户与生猪收购商位于生猪供应链不同环节，市场分工不同。生猪养殖户与猪贩子之间紧密协作程度较弱，猪贩子队伍不稳定，多由分散的自由职业者组成，组织化程度低。从事生猪收购业务，进入猪贩子行业有一定门槛，要求具有一定的文化水平和一定的生猪收购经验，需要了解不同区域的生猪价格信息，掌握生猪产地出栏情况，猪源地可以是不同的产区，但退出猪贩子行业无障碍，从业具有较大的随意性。猪贩子是加价中间商，根据生猪调入地区和调出地区(产地)的价差，去除运费、损耗、佣金等，有利可图则积极组织货源。生猪经纪人为猪贩子组织货源，一般是当地人，了解货源情况，与养殖户比较熟络，有能力促成养殖户和猪贩子的买卖交易，并获取猪贩子支付的佣金，所以属于佣金中间商。猪贩子和经纪人共同协商，由一方联络运输车辆，负责调出地区和调入地区之间的生猪运输。

生猪收购商具有专业性，生猪收购是难以跨越的环节。无论是专业养殖大户还是普通的小型养殖户，都把生猪销售给上门收购的生猪收购商。生猪运输需要专用车辆，生猪收购商有车辆资源，另外办理生猪检验检疫也由收购商完成。生猪收购商是连接屠宰加工企业和养殖户的主要载体，生猪由养殖到屠宰加工环节的流通主要由其完成，在生猪销售流通过程中生猪收购商发挥了必不可少的作用，这支收购队伍的存在，可以节约交易成本，促进生猪流通。

7.1.3 生猪屠宰企业

生猪屠宰企业有肉联厂、食品站，是宰杀生猪、销售猪肉的组织。1998年《生猪屠宰管理条例》的实施，标志着我国生猪屠宰成为严格市场准入行业。近年来猪肉质量安全事故频发，"瘦肉精""淘汰母猪肉""病死猪""注水肉""注胶肉"等恶性事件严重威胁到消费者的健康和生命安全，引起了政府高度关注，2016年中央一号文件中强调规范畜禽屠宰管理。为推进生猪产业高质量发展，调运活猪转为冷链运肉，2020年中央一号文件提出减少活猪长距离调运，引导生猪屠宰加工向生猪养殖集中区转移，提高产业一体化程度，可见屠宰环节在生猪产业的重要性。为了保障消费者的身体健康，确保猪肉质量安全，国家实行生猪定点屠宰场屠宰，全面落实生猪集中检疫制度和猪肉质量检验制度。政府允许农户自己屠宰生猪，家庭食用，但不能对外销售。国家严厉禁止任何没有经过批准的生猪屠宰。随着生猪养殖业的发展和加强屠宰管理工作的需要，国家于2008年、2011年、2016年、2021年对《生猪屠宰管理条例》进行了四次修订，各地方政府非常重视生猪屠宰监管，制定了相应的管理办法。自2015年以来，国家重视环境保护，相关部门多次出台生猪屠宰行业相关政策(表7-2)，从而指导屠宰企业标准化建设，促进生猪产业一体化发展。

表7-2　生猪屠宰相关文件及内容

时间	文件名称	文件主体内容
2016年	《全国生猪生产发展规划(2016—2020年)》的通知	推动规模企业扩张，提高生产能力
2018年	关于加强生猪屠宰企业非洲猪瘟防控保障猪肉质量安全和有效供给的通知	屠宰企业履行动物防疫与食品安全责任
2019年	关于稳定生猪生产促进转型升级的意见	推进屠宰企业标准化建设
2020年	关于支持民营企业发展生猪生产及相关产业的实施意见	以屠宰加工为龙头，推进产业一体化
2021年	生猪屠宰管理条例	定点屠宰、集中检疫，推进产业一体化

资料来源：智研咨询

　　国家对生猪供应链屠宰环节加强管理,不合规屠宰企业退出经营,自2015年以来生猪定点屠宰比重呈现出明显的提升趋势。生猪屠宰企业集中度不断提高,十二五、十三五期间规模以上生猪定点屠宰企业达到屠宰企业的70%,如图7-4所示。规模以上生猪定点屠宰企业的屠宰加工能力较强。受生猪供给减少的影响,2020年屠宰量仅1.63亿头。2010—2020年规模以上生猪定点屠宰企业生猪的屠宰量如图7-5所示。屠宰企业人工、环保和检测等费用不断上涨,运营成本攀升,而且猪肉进口量增加,国家储备肉大量投入市场,均对屠宰企业产生不利影响。

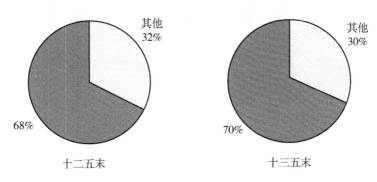

图7-4　生猪屠宰企业分布情况

数据来源:智研咨询

　　现在屠宰企业的经营形式有多种类型,主要有自营、代宰和混宰。自营屠宰企业有多条营销渠道,批发市场、商场超市、农贸市场、专营店是白条猪的主要营销渠道。屠宰企业在肉制品精深加工和副产品综合利用方面发挥重要作用,比如利用猪胰脏作为提取胰岛素的原料,制造治疗人类糖尿病的胰岛素;或进一步优化加工产品及肉制品结构,提高生猪附加值。本研究调查的屠宰企业经营方式为代宰,为客户提供代宰服务,收取代宰费。

7.1.4　猪肉零售商

　　猪肉零售商包括从事猪肉零售业务的农贸市场小摊贩、超市、专营店

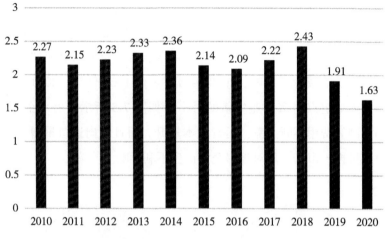

图 7-5 规模以上生猪定点屠宰企业屠宰量(单位:亿头)

数据来源:农村农业部、智研咨询

等。零售环节是与消费者直接连接的一环,也是生猪供应链的最后一环。相对于生猪屠宰加工企业和养殖户来说,一般零售商早上采购白条猪,当天即可售罄,经营周期短,资金周转速度快,是生猪供应链上承担经营风险最小的主体,直接服务于终端消费者。零售商根据销售经验,可以预测出每日猪肉销量,一般通货采购,分解销售。生猪(外三元)具有同质性,而猪肉因不同部位质量不同、口感不同,具有异质性,零售价格差别高达一倍以上,零售商因此拥有较大的利润空间。例如,2014 年及 2022 年春节前,生猪价格出现了节日期间不仅没有上涨反而暴跌的现象,2022 年 1 月,多个省份生猪价格跌破 7 元/kg,养殖户亏损严重。虽然猪肉批发价格降低了,但一个农贸市场的零售商很容易合谋,统一猪肉零售价格,仍然以高价卖出猪肉。信息不对称引发市场失灵,众多消费者不了解生猪行情,依然接受高价位猪肉,因此终端市场上的猪肉价格并未出现与生猪价格同步波动,即"生猪大跌,猪肉小跌"或猪肉降价滞后现象。超市猪肉的零售价格基本与生猪价格同步波动,但我国猪肉零售的主要场所是农贸市场，本研究所指零售商是农贸市场摊贩。

7.2　价格波动背景下生猪供应链主体收益分析

生猪供应链各环节之间信息不对称，上游环节对产品信息的了解程度远高于下游。国内生猪生产和生猪价格的异常波动，造成生猪供应链各参与主体面临较大的风险，其生产运营收益具有不确定性，同时也给生猪产业的持续稳定发展带来负面影响。

7.2.1　生猪价格波动风险对供应链收益分配的影响

各种外部冲击加大生猪收益风险。部分地区出现高致病性猪蓝耳病变异病毒引起的"高热病"疫情爆发，加之 2006 年之前的生猪价格低迷导致存栏量少，造成 2006 年年底生猪价格开始暴涨；环保政策的变化及 2018 年年底的非洲猪瘟疫情，给比较脆弱的生猪供应链带来极大的冲击。

供应链存在价值属性，仔猪、饲料、生猪及猪肉的价格通过供应链进行传导，在价格传导过程中，存在不对称的长期均衡关系。生猪产业已形成完整的供应链，但供应链收益分配不尽合理，在价格频繁波动的背景下，研究生猪供应链各参与主体收益分配情况，有利于提高养殖户的收益，促进供应链增值。

（1）对养殖环节利益的影响

生猪价格高低决定养殖户的盈利水平。商品价格以成本为基础，一般情况下，成本决定商品的最低价格。2019 年年末到 2020 年年初，一头仔猪的价格在 800 元左右，而到 2020 年 8 月，一头仔猪的价格超过 2000 元，专业育肥的养殖成本大幅提升。以最近一次波动周期为例，从 2017 年下半年至 2019 年中期及 2021 年下半年，价格在波动起伏中处于低谷期，相比较以往"猪周期"的低谷期时间长，无论是自繁自养，还是专业育肥户，均出现亏损，尤其是专业育肥户，因资金周转问题，且看不到价格回升的迹象，就会减少养殖量甚至停止养殖。在调研中发现，一些专业育肥户的猪圈已经处于闲置状态，专业育肥户进出生猪市场，是生猪产量波动的重要影响因素。而自繁自养型养殖户亏损相对较少，亏损初期不因价格的低谷而调整养殖规模，深度亏损后，养殖户开始调整养殖规模。通过访谈了解到大型养殖企业也有调整养殖规模的情况，但调整量不大，养殖时间越久，调整养殖规模的可能性越小。生猪价格上涨，引起仔猪价格上涨，专业育肥户养殖成本大幅增加，挤压利润空间。生猪价格波动使养殖环节面临的风险加大。

（2）对收购环节利益的影响

生猪除直接销售给屠宰公司外，另一主要销售方式便是卖给生猪收购商，即猪贩子。目前，生猪收购商在生猪供应链中作用重大，是中小型养殖户的主要购买者。由于生猪收购商对生猪产地了解不多，养殖户对他们也缺乏信任，在生猪收购商与养殖户之间还有中介，即生猪收购经纪人。经纪人按生猪收购头数来收费，2019 年以前生猪价格低，佣金为每头 10 元，之后生猪价格大幅升高，佣金为每头 20 元，由生猪收购商支付，其收益相对稳定。生猪收购商根据收购地与销售地的价差，扣除装卸费、运费、经纪人佣金、生猪损耗，依据利润空间大小决定是否收购生猪。其收益风险主要来自运输途中的正常损耗（因排泄、排遗生猪体重减轻）及非正常损耗（装卸、运输过程中出现生猪压伤、死亡等），只要不出现严重的非正常损耗，生猪收购商的利益就能够得到保障。生猪价格的周期波动，主要影响收购商及经纪人的收购数量，从而影响其经济利益。

（3）对屠宰环节利益的影响

屠宰公司的经营模式较多，有些屠宰公司只是代宰，收取固定费用，因此其收益跟生猪宰杀数量有直接关系。生猪价格高位拉升猪肉价格，猪肉需求量减小，生猪屠宰量相应减少，屠宰公司的收益也随之降低。本研究调查的江苏徐州定点屠宰公司属于这种经营模式。有些屠宰公司购进生猪，宰杀后对外批发白条肉，或在农贸市场、超市设专柜销售冷鲜肉，或进行深加工。生猪价格波动直接影响屠宰公司收益，为转移风险，在生猪价格低谷且生猪供应量大的情况下，屠宰公司压低生猪收购价，挤压生猪收购商的利润空间。

(4)对零售环节利益的影响

猪肉零售商的利益来自猪肉批发价与零售价的价差。生猪与猪肉之间价格传递具有非对称性，上游产品的价格变动没有全部传递到下游产品，猪肉价格对上游产品价格上涨反应比下降敏感，生猪养殖户的市场势力最弱(姜楠和韩一军，2008；于爱芝和郑少华，2013)，调研数据也有力证明了这一结论。当生猪价格低位运行时，猪肉价格变动相对迟缓，即有时滞，且下降幅度较小，此时，生猪养殖环节亏损最严重，而猪肉零售商的利润空间最大。2021年年底，生猪价格震荡下跌，农贸市场的猪肉价格没有相应下降。生猪价格升高时，猪肉价格很快做出反应，即便猪肉零售价与批发价的价差相对减少，猪肉零售商仍然有一定的利润。无论生猪价格高低，猪肉价差保证了零售商的收益。生猪价位较高时，猪肉的需求量减少，零售商因销量减少影响收益。生猪价格的季节性波动，低价位时，猪肉量价齐低，降低零售商的利润，旺季则相反。

7.2.2 价格波动背景下生猪供应链利益分配

本部分所用数据，包括收购价、经纪人费用、装卸费、屠宰费、白条肉批发价格及猪肉零售价均为调研直接取得。每千克生猪养殖成本根据该批生猪的仔猪成本、饲料成本、防疫费用、工人工资、水电费、场房设备折旧、借款利息及生猪死亡损耗等调研数据计算得出。每千克生猪运输成本等于实际支付的总运费除以运输生猪总重量。不同部位猪肉的零售价格差别很大，槽头肉、板油价格低，排骨、精品五花肉价格高，根据一片白条肉市场销售总收入除以该片重量，计算得到猪肉平均零售价格。在最近一轮生猪周期波动中，选择2018年5月和2019年12月生猪价格最低点和最高点，跟踪调研从河南开封收购生猪销往江苏徐州，直到猪肉进入当地农贸市场整个过程中的生猪价格、猪肉价格及其他各项费用。

养殖环节的利润为生猪卖价减去养殖成本结合猪只体重计算得出；收购环节生猪收购商的利润为毛猪批发总收入减去收购成本、经纪人费用、装卸检疫费、运费计算得到；屠宰环节利润为生猪屠宰收入减去生猪屠宰成本得到；零售环节利润是零售总收入减去购进白条肉的成本、摊位费、市内运输费等(每头合 40 元)计算得到。运输途中生猪掉秤，产生重量损耗，损耗多少与猪只体重和运输距离有关，运输途中生猪的重量损耗如表7-3 所示，同等运输距离，猪只越重，损耗越小。

表 7-3 运输途中生猪的重量损耗

距离	重量损耗(kg/头)
200km 以下	2.5~3.5
200km~400km	3~4
400km~600km	3.5~4.5
600km 以上	4.5~7

(1)价格低谷期生猪供应链利益分配

表 7-4 汇报价格低谷期生猪供应链各环节成本费用构成。最近一次生猪价格波动周期的波谷在 2018 年 5 月，以河南开封为例，110 千克左右的外三元生猪价格为 9.75 元/kg。通常育肥猪的养殖模式有两种：自繁自养和专业育肥(外购仔猪)。

表 7-4 价格低谷期生猪供应链各环节成本费用构成

养殖模式	养殖成本 元/kg	收购价 元/kg	经纪人费用 元/头	装卸费 元/头	运费 元/kg	运输途中正常损耗 元/kg	毛猪批发市场价格 元/kg	屠宰费用 元/头	白条肉批发价 元/kg	猪肉零售价格 元/kg
自繁自养	10.8	9.75	10	6	0.2	0.31	10.65	60	15.2	19.6
专业育肥	11.6	9.75	10	6	0.2	0.31	10.65	60	15.2	19.6

生猪供应链各环节利润情况见表7-5。生猪收购商(猪贩子)将生猪从河南开封贩运到江苏徐州，平均每头猪的正常损耗在3.5千克左右，每头猪按110千克计重，活猪屠宰率约为72%。屠宰公司的成本包括人工费、水电费、税费、厂房设备折旧等费用，折算到每头生猪的宰杀成本为40元。从各环节的利益分配可以看出，价格低谷期，由于生猪收购价格低于养殖成本，养殖户普遍亏损，特别是专业育肥养殖户亏损严重，每头猪亏损高达203.5元。收购环节和零售环节以加价方式进行销售，二者均能获利，特别是零售环节，由于猪肉零售价与批发价的价差较大，零售环节的利润远高于其他环节。零售商以低价购进白条肉，却没以同样幅度降低猪肉的零售价格，从而使零售商销售一片白条肉的利润高达308元，充分证明生猪供应链价格传递的非对称性(李文瑛和宋长鸣，2017)。

表7-5 价格低谷期各环节利润情况(单位：元/头)

养殖模式	养殖环节	收购环节		屠宰环节	零售环节
		经纪人	生猪收购商		
自繁自养	-115.5	10	23.7	20	308
专业育肥	-203.5	10	23.7	20	308

注："-"表示亏损

(2)价格高峰期生猪供应链利益分配

2019年12月末开封生猪价格达到高峰，最高价为41.5元/kg，之后生猪价格持续震荡，目前下降趋势明显。价格高峰期生猪供应链各环节成本费用构成如表7-6所示。

表7-7汇报各环节利润分配情况。由于近年来国家玉米库存逐年增加，国内外玉米价格倒挂，去库存压力较大，2016年3月8日，多部门联合发布消息，取消自2008年以来实施的玉米临储政策，国内玉米价格在波动中持续降低，2016年6月玉米价格降到1770元/吨。随着生猪价格进入下跌期，

表 7-6　价格高峰期生猪供应链各环节成本费用构成

养殖模式	养殖成本 元/kg	收购价 元/kg	经纪人费用 元/头	装卸费 元/头	运费 元/kg	运输途中正常损耗 元/kg	毛猪批发市场价格 元/kg	屠宰费用 元/头	白条肉批发价 元/kg	猪肉零售价格 元/kg
自繁自养	11.4	41.5	20	10	0.25	1.32	43.6	75	57.6	68.5
专业育肥	13.5	41.5	20	10	0.25	1.32	43.6	75	57.6	68.5

玉米的价格再次走低，低至 1540 元/吨，随后价格逐步提高，2021 年年初涨到 3000 元/吨。2018 年年底因非洲猪瘟疫情在全国爆发，养殖户补栏不积极，2019 年 3—4 月仔猪价格最低，一头仔猪的价格在 280 元左右，而二等黄玉米价格为 1.8 元/kg 左右，这批猪的养殖成本极低，再加上生猪价格处于高位，猪粮比破 9，养殖环节收益超过历史上任何一个高峰期的收益水平。价格高峰期全供应链各环节均获益，养殖环节利润最大。养殖户在生猪涨价过程中收益滞后，风险高且收益不稳定，其他环节利润平稳，众多的供应链各参与主体不能操控价格，即不能形成垄断，是价格的接受者。

表 7-7　价格高峰期各环节利润情况（单位：元/头）

养殖模式	养殖环节	收购环节		屠宰环节	零售环节
		经纪人	生猪收购商		
自繁自养	3311	20	167	35	823
专业育肥	3080	20	167	35	823

2019 年年末的高额养殖利润，加之国家保障生猪供给各项政策的落实，生猪养殖量快速提升，致使 2021 年第二季度起生猪价格下滑。

7.3 价格波动背景下生猪供应链增值机理

价值链是供应链的核心。各环节的价值增值点是实现利益合理分配的关键。生猪及其制品沿着供应链完成流通，贯穿商流、物流、资金流与信息流，如图7-6所示。在生猪供应链上，每个主体均有自利性，在纵向协作不紧密的链条上存在博弈关系，分散经营的养殖户与供应链要求的组织化程度存在矛盾，在动态的生存环境中追求收益。生猪供应价值链运行就是各利益主体为实现经济与社会需求的目标，开展的生猪生产、屠宰加工、流通、监督管理等活动。

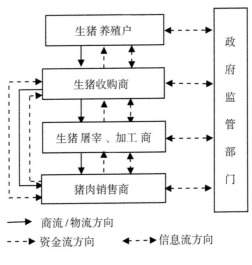

图 7-6 生猪产业流通

图7-7为生猪产业链利益主体实现价值的大小。不断发展变化的国内外经济环境，导致大宗商品价格波动，并通过现货与期货市场向供应链下游传递。猪肉及其制品的替代品多，消费结构优化升级，猪肉的消费量与居民收入水平的提高不成比例，生猪产业存在"猪强肉弱"的现象。生猪产业链竞争能力的提升必须依靠价值链与供应链的有机整合，即通过相关主

体的协同效应，实现各环节的价值增值及收益稳定（寇光涛等，2016；朱长宁和汪浩，2021）。生猪产业价值链上的每一项价值活动都会对各利益主体最终能够实现价值的大小产生影响，根据访谈调查整理，产业链获利能力呈现 U 形，两头高，中间低。养殖户风险最大，平均收益少，亏损严重时养殖户资金不足，退出养殖业或减少养殖量，导致生猪供给不稳定。

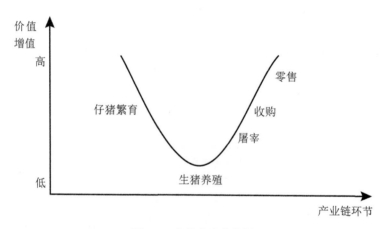

图 7-7　生猪产业价值链

　　因产消中间有收购、屠宰等环节，消费者通常只了解猪肉价格，很少关注生猪的价格信息。减少信息不对称、不完备有助于降低生猪产业发展的风险。终端消费是生猪供应链价值增值的主要动力来源，猪肉消费增加对提升生猪供应链价值的意义重大。

　　在消费拉动生猪供应链增值的背景下，生猪供应链各参与主体结成共生关系。最终依据各参与主体对供应链整体价值目标贡献的大小，分配相应利益。生猪供应链各参与主体的共生关系提升"微笑曲线"底部养殖环节的价值增值，整体供应链产生协同效应，资源配置效率得以提高，降低生猪供应链的运行成本，形成基于利益关系合理化的组织体系，促进生猪供应链获得竞争优势。

7.4　本章小结

生猪供应链各环节不同的市场地位，决定其在交易中信息掌握、行情预测及议价权能力不同，导致市场失灵现象的发生，造成上游仔猪、饲料供应商及下游收购商对供应链底端养殖环节的风险转嫁。生猪养殖户只能被动地接受上游仔猪、饲料价格和下游生猪的收购价格，增加养殖成本、降低养猪收益。由于供应链价格信息不对称，实力不均衡，导致利益分配不公平，供应链获利能力及稳定性呈现两头高中间低的 U 形曲线，养殖户获利少且不稳定，挫伤生猪养殖户生产投资的积极性，亏损严重时养殖户资金不足，退出养殖业或减少养殖量，形成生猪供给不稳定，并引发生猪价格的脆弱性。

价格低谷期养殖主体特别是专业育肥养殖户亏损严重，全供应链中只有养殖环节亏损；由于生猪价格传递的非对称性，猪肉零售价格下降有时滞且下降幅度小，是零售环节获利最大的时期；价格高峰期，供应链各环节利益主体均获益，但猪肉高价增加了居民的生活成本，降低了全民的福利水平。生猪供应链价格波动的振源在养殖环节，不在流通环节。

本章的意义在于首先关注养殖户，稳定养殖是保障供给最主要的部分，切实保障养殖户利益，减少养殖户因价格波动而造成的亏损。

本章局限性在于基于访谈数据，虽然反映供应链利益分配情况，但其代表性还需要进一步确认。研究受数据所限，仅关注生猪养殖户、生猪收购商、生猪屠宰企业和猪肉零售商四个主体，如把其他主体价值分配纳入研究，或与大型养殖主体利益变化情况比较，有助于更好地理解生猪产业发展。

第8章 结论与建议

在大食物观背景下，稳定生猪供给是保障食物安全的重要基础，直接关系粮食安全。2022年中央一号文件中强调保护生猪基础产能，防止生产大起大落，推动生猪产业平稳发展，促进我国由养猪大国发展为养猪强国。本研究基于价格波动理论、成本收益理论、前景理论、计划行为理论等，采用统计数据及田野调研数据，构建价格波动背景下生猪养殖户决策行为研究技术路线。在此基础上，首先深入剖析价格波动背景下生猪养殖户生产与销售决策行为形成机理，运用河南省362份生猪养殖户的问卷调查数据，考察决策行为的影响因素及影响强度。其次，基于供应链视角，利用利益相关者数据，分析自繁自养和专业育肥两种养殖模式下生猪养殖环节收益情况，主要研究结论如下。

8.1 主要研究结论

(1)生猪养殖户面临市场竞争激烈、生产空间缩小、养殖风险高、产业政策不稳定等环境约束，决策行为具有投机性、有限理性等行为特征。

猪肉在城乡居民肉类消费中占绝对优势，生猪作为我国价值最大的农副产品，市场规模达到万亿。长期以来生猪产量与价格多次异常波动，而且波动幅度加大，波动周期延长，具有明显的季节性、周期性。随着生猪产业发展，养殖户的生产环境发生较大变化。生猪养殖户面临市场竞争激烈、生产空间缩小、养殖风险高、产业政策不稳定等问题。生猪养殖主体众多，规模差别大，各类主体竞争力及优势不同。我国生猪养殖规模化和组织化程度低，市场竞争力弱，在生猪产业链中处于弱势，面临国内外两个市场的激烈竞争。生猪养殖行业存在"污染避难所效应"，环境规制受到当地经济发展水平和环境管理水平的影响，环境规制强度对生猪产量产生负向影响。

生猪养殖户决策行为具有风险性、投机性和有限理性特征。因处于动态约束环境下，生猪养殖户在生产与销售决策过程中需要应对多重风险。风险主要包括价格风险、疫病风险、资金风险、技术风险等。价格风险和疫病风险是养殖户面临的最大的两种风险，价格风险进一步诱发养殖户的资金风险。疫病爆发，生猪死亡，给养殖户带来直接经济损失。在市场环境中，生猪养殖户存在投机心理，通过调节生猪产量实现养殖利益最大化。生猪养殖风险和养殖户的投机性行为加速了"猪周期"的循环。养殖户是有限理性经济人，养殖户的"有限理性"使其在风险较小化前提下，追求相对利润最大化。

（2）价格波动背景下生猪养殖户行为态度、主观规范和知觉行为控制对养殖户的生产意愿有正向影响，不过作用效果存在差异。

依据计划行为理论，实证分析价格波动背景下生猪养殖户生产意愿形成机理及影响因素。养殖户生产意向表现为生产的主观意愿，生产意愿越强，养殖户进行生猪生产的可能性越大。养殖户的行为意愿受到行为态度、主观规范及知觉行为控制的影响。生猪养殖户的行为态度对生产意愿有正向影响。养殖户行为态度是生产意愿最直观的评价因素，在养殖户生产意愿形成过程中，养殖户行为态度客观上受到观测变量的共同作用。养殖户行为态度越积极，其生产意愿越高。生猪养殖户主观规范对生产意愿有正向影响。主观规范是生产意愿形成中的基础影响因素。养殖户主观规范受到养殖户同行影响度、家人支持度、亲朋影响度、政府支持度的共同作用，对生产意愿有重要影响。养殖户受到的外界影响越大，其生产意愿越高。生猪养殖户知觉行为控制对生产意愿有正向影响。知觉行为控制是生产意愿形成中的关键因素。养殖户获取技术服务越容易，应对疫病及价格风险能力越强，对养殖政策越熟悉，知觉行为控制能力也就越强，继续生猪养殖的意愿更强。

(3)盈利前景下，养殖主体的决策行为受到养猪专业化程度、是否参加生猪保险、获取饲料价格信息难易程度及政策满意度的显著影响。亏损前景下，养殖主体的决策行为受到养猪专业化程度、经济状况、风险偏好、生猪价格风险感知程度的显著影响。

养殖户的生产决策行为对于生猪生产与供给至关重要，养殖户在生猪出栏后是否及时补栏、是否扩大养殖规模等均取决于养殖户的生产决策。较准确的生产决策依据应该是当前生猪存栏量和市场需求量，但养殖户小生产与大市场的矛盾，致使实际情况并非如此。生产要素可以自由流动，养殖户以家庭经营为基础，依据生猪市场价格进行资源配置和要素重组，以实现可控资源的合理化配置。在生猪价格波动背景下，养殖户的生产决策行为既具有理性，以追求效用最大化，又因其行为受能力、心智、环境和资源等因素约束而具有非理性，造成养殖户的决策行为无法实现完全理性，从而表现出有限理性。生猪养殖决策行为符合前景理论的核心思想，养殖户在生猪价格波动背景下做出的养殖决策，是有限认知约束下的响应。养殖户是微观经济主体，根据损益前景配置生产要素，养殖决策便是基于自然风险及市场风险的预期价格响应。由于生猪市场环境的复杂性及不确定性，加上养殖户的不完全信息和个人有限认知能力，养殖户只能做出有限理性决策。

行为经济学前景理论能够合理地分析价格波动背景下生猪养殖决策行为选择。由于生猪的自然生长特性，养殖户将预期出栏时的价格作为决策参考点，通过心理账户估计盈利或亏损前景，做出扩大或减小养殖规模的决策。养殖户在内外部因素的共同约束下进行"有限理性决策"，风险规避特征明显，其对盈利前景和亏损前景敏感程度不同，决策行为影响因素具有非对称特征。

预期价格上涨，养殖户决策行为受到养猪专业化程度、是否参加生猪保险、获取饲料价格信息难易程度及政策满意度的显著影响。获取饲料价格信息难易程度对扩大养殖规模有正向影响，其他三个因素对扩大养殖规模有负向影响。

预期价格下跌，养殖户决策行为受到养猪专业化程度、经济状况、风险偏好、生猪价格风险感知程度的显著影响。养猪专业化程度、经济状况、风险偏好、对减少养殖规模有负向影响，生猪价格风险感知程度对减少养殖规模有正向影响。家庭经济状况越好，减少生猪养殖规模的可能性越小；风险偏好强的养殖户减少养殖规模的可能性小。

(4)生猪销售阶段的主要风险是市场价格的异常波动。在价格上涨或下跌前景下，个体特征、家庭特征、风险认知、社会关系、市场信息等不同程度地影响销售决策行为选择。

基于前景理论，分析价格波动背景下生猪养殖户销售决策行为形成机理及影响因素。生猪销售是养殖户收回投资、实现收益的关键环节，生猪能否顺利销售、出栏时价位，直接关系养殖户收益状况，进一步影响农户的生活水平。生猪产销脱离，相对于养殖户出栏量大，流通体系仍然滞后，产销纵向一体化进程缓慢。生猪销售的组织化程度非常低，以"猪经纪人+猪贩子"为主要销售方式。市场价格信息是养殖户生猪销售的重要决策依据，信息来源渠道多元化，养殖户获取信息的主要来源是同行与经纪人。生猪销售的主要交易形式为市场交易和口头协议，养殖户有一定的议价权，但议价权普遍较小。

生猪销售阶段的主要风险是市场价格的异常波动。在动态的经济体系中，养殖户基于自己的认知和能力，不断地调整经营决策，养殖户的销售决策具有明显的参照依赖效应。在价格上涨或下跌前景下，个体特征、家庭特征、风险认知、社会关系、市场信息等因素不同程度地影响销售决策行为选择。养殖经历越丰富，养殖专业化程度越高，养殖户对出栏时机的把握越恰当，投机性越小，提高养殖专业化程度有助于稳定生猪供给。

预期价格上涨，养殖户市场信息越充分，经济状况越好，越倾向于推迟出栏。养殖户能够充分利用社会关系资源，获得自认为较为丰富、有效的市场交易信息，并且能够对市场交易信息进行评估。养殖户销售决策的重要依据是市场信息，经济状况好，抗风险能力强，预期盈利前景，做出推迟出栏的销售决策。以预期价格作为获得最大化收益的销售决策参考点，符合养殖户"有限理性"的判断。

预期价格下跌，养殖户的风险偏好越高，越倾向于推迟出栏，这是盼涨心理所致，预期价格可能出现回升前景，以自己的心理账户确定出栏时机。养殖户基于自己掌握的信息资源，进行相对准确的前景预期，做出销售决策。养殖户在亏损情景下，风险规避意识越强，心理承受风险的能力越小。社会关系对销售决策行为选择的影响契合前景理论的基本内涵。在生猪价格下跌前景下，养殖户对养殖损失比对等量养殖收益反应更加强烈。

(5)在价格波动背景下，无论价格高低，生猪收购商、生猪屠宰企业和猪肉零售商始终获利，然而生猪养殖户收益不稳定，价格高峰期盈利、低谷期亏损。

基于供应链视角，比较分析自繁自养及专业育肥两种养殖模式下养殖户的行为绩效。生猪供应链价格波动的振源在养殖环节，养殖户在生猪供应链上承担的风险最大，在生猪供应链中处于高风险、低收益的地位。价格波动背景下生猪养殖户以及供应链其他相关主体面临极大的不确定性。为比较分析生猪养殖户在价格波动中的损益情况，本书利用成本收益指标，分析价格波动对生猪供应链利益分配的影响以及不同养殖模式下供应链各环节在价格高点和低点的获利状况，对养殖户的决策行为绩效进行评价。供应链价格信息不对称和市场实力不均衡，导致利益分配不公平，生猪供应链获利能力及稳定性呈现两头高中间低的 U 形曲线，位于供应链中间位置的养殖户收益少，挫伤生猪养殖户的生产积极性，亏损严重时养殖户资金不足，被迫退出养殖业或减少生猪养殖量，从而造成生猪供给不稳定，并引发生猪价格的脆弱性。

生猪价格低谷期养殖户特别是专业育肥养殖户亏损严重，全供应链中只有养殖环节亏损；由于生猪价格传递的非对称性，猪肉零售价格下降有时滞并且下降幅度小，生猪价格低谷期成为零售环节获利最大的时期；生猪价格高峰期，供应链各环节利益主体均获益。养殖户既要承担生猪疫病风险，又要承担成本上涨及价格波动风险。现阶段我国生猪养殖户应对市场风险的能力普遍较弱，在生猪供应链中处于高风险、低收益地位。

8.2 对策建议

近年来，环保政策、非洲猪瘟、新冠疫情等诸多因素对生猪生产影响深远，养殖户频繁调整生产计划，导致生猪生产波动较大。由于猪肉需求弹性小，生猪市场需求相对稳定，供求失衡的原因在于供给不稳定。在生猪供应链各环节主体中，养殖户处于竞争不利位置。政府需对养殖户更加关注，通过政策支持减少养殖户的风险，保障养殖户收益，保护养殖户生产积极性，确保生猪的基础生产能力，进而实现生猪市场供给稳定。基于本研究的结论，提出以下对策建议。

8.2.1 加大政府支持力度，强化养殖户的生产意愿

我国现有的扶持政策主要有生猪良种补贴、购置农机装备补贴、非洲猪瘟强制扑杀补贴、动物防疫补贴、能繁母猪补贴、生猪标准化规模养殖场建设补贴、能繁母猪保险保费补贴等。这些补贴政策对于促进生猪生产发挥了一定作用，但补贴力度有待加强，且申请手续较为复杂，需要进一步简化办事程序，以方便养殖户申请，有助于保护养殖户生产积极性。生猪养殖规模化、标准化是生猪养殖的发展趋势，有利于养殖户采纳新技术，提高生产率；有利于改善生产管理，降低生产成本；有利于稳定生猪生产，保障市场供给。在环保规制不断加强的背景下，政府应加大生猪标准化规模养殖场建设补贴的力度，推动生猪养殖标准化水平不断提升。地方政府应结合资源禀赋实际，在国家政策的指导下，制定具体措施，推进本地生猪标准化规模养殖场建设。考虑到生猪标准化规模养殖场建设成本较高，地方政府可以在中央财政补贴的基础上增加一定的地方财政补贴，以减少养殖户的建设成本，减小养殖户的资金压力。政府应充分发挥标准化规模养殖示范户的引领作用，组织各类养殖户考察，学习示范户的先进

经验。通过政策指导、补贴激励和养殖示范户的引领，强化政策和同行对养殖户主观规范的积极影响，增强养殖户的生产意愿，促进养殖户改造落后的生产设施和圈舍，提高标准化养殖水平和生产率，增强养殖户的市场竞争能力和抗风险能力。

8.2.2 加强养殖户培训，提高生产与销售决策能力

技术培训有助于提高生猪养殖户职业素养。欧美生猪养殖强国一贯重视农业生产从业人员的职业素质培养，我国应学习和借鉴国外的先进经验，加强养殖户培训。这对养殖户提高生产管理能力和养殖技术水平，提高生产决策的科学性、合理性，降低生猪养殖成本，提高生猪养殖的生产率，增加养殖收益都是有益的。首先，政府应在财政预算中设立专项养殖从业人员培训基金，建立养殖从业人员培训机构。依托各级政府的畜牧兽医技术推广站，设立专门培训机构，制定切实可行的教育培训计划，编写通俗易懂的培训资料，定期聘请行业生产管理专家和养殖技术专家为养殖户授课，传授生猪生产管理知识、养殖新技术和防疫新技术等。其次，由政府提供资金，委托农业院校或畜牧兽医研究所建立养殖从业人员在线教育平台，为养殖从业人员提供免费学习资源，方便养殖户学习生产管理和养殖技术。针对养殖户的教育与培训，应遵循实效原则，循序渐进地引导养殖户更新经营管理理念。通过教育、培训，养殖户可以学习到生猪养殖和防疫的新技术以及生产管理技能，养殖户的能力和素质得以提升，有助于强化养殖户的生产意愿，对养殖户生产行为产生积极影响。养殖户职业素养的提升可显著提高养殖户搜集和利用生猪市场信息的能力，从而较为准确地预测市场行情，做出相对合理的生产与销售决策。

8.2.3 推进生猪保险产品多元化，构筑养殖户收益安全保障网

我国的生猪保险产品类型较少，创新力度和专业化程度低，还不能充分满足养殖户需求。生猪养殖面临较大的疫病风险和市场价格风险，现有的能繁母猪保险和育肥猪保险主要应对自然灾害、生猪疫病及捕杀损失，

而防范市场风险的生猪价格指数保险产品不够完善，还需要不断优化，保障水平还需进一步提高(巩雪，2015)。从实践看生猪价格指数保险产品的定价较为粗放，没有考虑养殖成本波动，很难达到养殖户投保的预期收益。因此，保险公司还需结合生猪养殖成本、年度出栏量、价格或养殖收益等指标，完善生猪价格保险(李文瑛，2017)。

保险公司应加大开发多元化生猪保险产品的力度，完善保险机制。政府需要建立生猪养殖巨灾风险基金，推动保险公司加快开发生猪养殖再保险与巨灾保险产品，推动生猪保险可持续与健康发展；鼓励商业保险公司面向养殖户开发生猪保险产品，对接养殖户多元化保险需求；完善生猪保险的补贴机制，为养殖户和保险公司提供保费补贴，以提高养殖户和保险公司的积极性；完善政策性生猪信贷保证机制，支持政策性生猪保险公司向生猪养殖户发放生猪生产贷款；建立政策性生猪信贷和政策性生猪保险对生猪养殖技术开发与推广的支持保证机制，提高保障水平(夏益国等，2015；李文瑛，2017)；构建生猪保险的第三方评估机制，发展社会化服务，推动保险效率不断提高(卓志和王禹，2016)。通过完善生猪保险产品和保险机制，构筑养殖户收益安全保障网。

加大生猪保险宣传力度。生猪保险的服务对象是广大生猪养殖户，养殖户对生猪保险政策不了解或了解不全面，造成养殖户对生猪保险的执行力持怀疑态度，将会影响生猪保险政策的实施效果。保险公司应制订生猪保险宣传规划，组织人员宣传，充分利用互联网、电视、电台广播、报纸、板报等宣传形式，解读生猪保险政策和保险产品等，提高广大生猪养殖户对生猪保险的认知和保险意识。强化政策、同行等对养殖户的影响，提高养殖户的参保率，降低养殖户风险。

8.2.4 提升生猪养殖组织化程度，推进产业链一体化

提升生猪养殖组织化程度，增强养殖户抗风险能力。我国生猪养殖组织体系较为松散，养猪协会、养猪合作社及"公司+农户"模式在整个生猪产业中占比较小，订单养殖少，生产计划由各个独立的生产主体完成，一

且出现猪周期，导致生产计划频繁调整，生猪生产波动较大。目前农户家庭养殖仍是生猪供给的重要力量，导致市场集中度较低，产品异质性小，养殖户抗风险能力弱。政府应在资金、技术、经营管理等多方面大力扶持养猪合作社，增强养猪合作社自我发展的能力，鼓励养殖户参加养猪合作社，与合作社结成利益共同体，减少养殖户的风险。养殖户作为合作社成员，获得养猪合作社在饲料与仔猪供应、养殖技术、生产管理、生猪防疫、销售服务等方面的支持，增强养殖户生产能力和抗风险能力，提高生猪质量，降低养殖成本。养殖合作社作为生猪生产的组织者，采取统一的饲料采购、疫病防控、生猪销售等，提高生猪养殖的组织化、集约化程度和生产率，提升养殖户在生猪市场谈判中的地位和议价能力，维护养殖户的经济利益。

推进生猪产业链一体化，减少养殖户风险。由于生猪饲养周期较长，资金占用时间长，养殖环节在整个生猪产业链"微笑曲线"中处于低端，风险最大。"链条长一寸，效益增一尺"，养猪合作社可以采取后向延伸产业链，这有利于降低生猪价格风险，增加养殖户的收益。此外，政府应加强政策引导，推动有实力的生猪屠宰龙头企业向生猪生产环节延伸，采取生猪养殖订单化、合作化，发挥生猪产业链合作联盟优势，助力养殖户的生猪生产，激发养殖户的生产积极性，实现屠宰企业与养殖户的合作共赢（李国祥，2011；白华燕，2018）。通过生猪产业链主体间的共生与协作，形成产业链各环节的互补性和资源依存性，这是稳定生猪生产和生猪价格的一种准市场化的资源配置方式。

8.2.5　完善养殖服务体系，保护生猪养殖户的生产积极性

养殖服务体系包括养殖技术服务体系、疫病防控体系和生猪交易信息化服务体系等。养殖技术服务体系主要是研究提高母猪产仔率及成活率，优化猪饲料与营养以及多维多矿饲料配方等，并将研究成果向养殖户推广，为养殖户提供养殖技术指导，助力养殖户降低养殖成本，提高养殖效率。疫病防控体系以政府兽医服务机构为主导，建立专职防疫队伍，制订

疫病防控应急计划，监测生猪疫情，执行生猪疫病报告制度，组织疫情应急演习，指导养殖户的疫病防控和处置疑似病例或病死猪。生猪交易信息化服务体系通过农业、物价、商务等政府相关部门与大中型毛猪批发市场、大型饲料公司、养殖公司合作，建立市场交易信息平台，规范信息采集标准，收集并发布母猪保有量、生猪存栏量及出栏量、仔猪与生猪及饲料价格等信息，引导养殖户根据平台信息进行正确判断与决策，以解决信息不完全和不对称问题，避免过度预期，减少"追涨杀跌"现象。政府需要加强养殖服务体系统一规划和指导，在政策、资金、技术、人员等方面加大对生猪养殖服务体系建设的支持，完善养殖服务体系的功能。政府机构、行业协会和养殖户在服务组织体系中各自定位明确，分工清楚，推动服务体系的有效运转。完善的养殖服务体系为养殖户生猪生产提供有力支持，保护养殖户的生产积极性。

8.3　研究不足与展望

8.3.1　研究不足

受数据可得性的限制，本研究存在一定的不足之处：

(1)受限于已获取的实地调查数据，本研究在构建模型解释变量时，部分采用受访者对问题主观感受表征各维度的可观测指标，后续研究将引入前沿文献开发更为客观的指标量表。

(2)调研时，养殖户刚经历过生猪价格较长时期的上涨，生猪价格处于下跌期，使得生猪养殖户销售决策行为相机选择的研究结论有一定的局限性。本研究实证分析养殖户的生产与销售决策行为方面，仅利用了河南省的微观截面数据，缺乏其他省养殖户的数据，从而没有检验养殖户行为影响因素是否会随着时空的变化而存在差异。

(3)研究受数据所限，仅关注生猪供应链的四个主体利益分配情况，没有与大型养殖主体利益变化情况进行比较分析，后续研究有必要扩大调研群体范围和样本量。

8.3.2　研究展望

未来研究可从以下三个方面展开：

(1)在问卷设计阶段，尽量设计客观题项，如将"您认为您的经济状况"调整为"家庭人均收入"，或者从政府或第三方获取当地微观统计数据，以增强后续相关研究内容的客观性。此外，在调研过程中，注重跟踪调研，获取连续数据，动态研究养殖户的决策行为，并将养殖户层面数据的调研收集与县或村级层面数据搜集相结合。

(2)在数据可得的情况下，将不同规模养殖户投入、产出数据纳入同一个分析框架，探究较长时期内养殖户决策行为及行为绩效。依据此分析框架所得的研究结论，提出相应的政策建议将更加全面和完善，更有针对性和实践性，有助于更好地理解生猪产业发展，对稳定生猪生产更有参考意义。

(3)增加典型区域个案的研究，针对不同生猪养殖模式选取案例，并跟踪调研全供应链利益主体。在全面掌握不同养殖模式下养殖户决策行为特征的基础上，更加深入地剖析养殖户决策行为的内外部影响因素及影响程度，厘清关键因素，提高研究结论的普适性和应用性。

参 考 文 献

1. 白华艳，谭砚文，曾华盛. 市场信息对中国与欧盟猪肉价格波动的影响[J]. 华中农业大学学报(社会科学版)，2017(6)：70-78.

2. 白华艳. 产业链视角下中国猪肉价格波动机制研究[D]. 华南农业大学，2018.

3. 柏帅蛟. 基于计划行为理论视角的变革支持行为研究[D]. 电子科技大学，2016.

4. 蔡勋，陶建平. 货币流动性是猪肉价格波动的原因吗——基于有向无环图的实证分析[J]. 农业技术经济，2017(3)：35-43.

5. 曹兰芳. 集体林权制度改革后农户林业生产行为及影响因素研究[D]. 北京林业大学，2014.

6. 唱晓阳. 规模变动视角下吉林省生猪养殖户生产决策研究[D]. 吉林农业大学，2019.

7. 陈迪钦，漆雁斌. 中国生猪价格波动影响因素的实证分析[J]. 湖北农业科学，2013，52(4)：960-963.

8. 陈佳豪，王胤凯. 生猪价格年度内波动规律分析[J]. 农村经济与科技，2019(9)：62-63.

9. 陈露，胡浩，戈阳，等. 交易费用、社会资本与生猪销售渠道选择——基于江苏省养殖户的调查[J]. 江苏农业科学，2020，48(6)：311-316.

10. 陈强. 高级计量经济学及 Stata 应用[M]. 北京：高等教育出版社，2015.

11. 陈蕊芳，申鹏，薛凤蕊，等. 国内外生猪养殖业发展的比较及启示[J].

江苏农业科学, 2017, 45(7): 331-334.

12. 陈姗姗, 陈海, 梁小英, 等. 农户有限理性土地利用行为决策影响因素——以陕西省米脂县高西沟村为例[J]. 自然资源学报, 2012(8): 1286-1295.

13. 陈帅. 我国生猪价格波动影响因素分析[J]. 农村经济与科技, 2019 (21): 63-65.

14. 晨曦. 全方位深度解读德国养猪业[N/OL]. 中国畜牧兽医报, 2014-12-14.

15. 成致平. 中国物价50年[M]. 北京: 中国物价出版社, 1998.

16. 崔姹, 王明利, 石自忠. 我国肉羊产业链价格传导研究——基于PVAR模型的分析[J]. 价格理论与实践, 2016(4): 73-76.

17. 崔姹. 我国肉羊产业链主要环节纵向协作关系研究[D]. 中国农业科学院, 2018.

18. 崔海红. 丹麦养猪业生态建设对中国养猪业可持续发展的启示[J]. 世界农业, 2020, 494(6): 98-103.

19. 崔美龄, 傅国华. 我国天然橡胶种植户生产行为的影响因素分析——基于橡胶价格持续低迷的背景[J]. 中国农业资源与区划, 2017(5): 86-93.

20. 代雨晴. 河北省生猪价格波动及影响因素研究[D]. 河北经贸大学, 2019.

21. 邓衡山, 徐志刚, 应瑞瑶, 等. 真正的农民专业合作社为何在中国难寻?——一个框架性解释与经验事实[J]. 中国农村观察, 2016(4): 72-83, 96-97.

22. 邓学法. 河南省养猪业形势及21世纪发展战略[J]. 郑州牧业工程高等专科学校学报, 1999(1): 37-39.

23. 董晓霞. 中国生猪价格与猪肉价格非对称传导效应及其原因分析——基于近20年的时间序列数据[J]. 中国农村观察, 2015(4): 26-38, 96.

24. 段文婷, 江光荣. 计划行为理论述评[J]. 心理科学进展, 2008(2):

315-320.

25. 范垄基. 蔬菜产业发展框架下的农户行为研究[D]. 中国农业大学, 2015.

26. 费红梅, 刘文明, 李晶晶, 等. 吉林省玉米价格和生猪价格波动关系实证分析[J]. 玉米科学, 2018(5): 170-174.

27. 冯明. 猪肉价格波动的非对称性及其对 CPI 的影响[J]. 统计研究, 2013(8): 63-68.

28. 付莲莲, 童歆越. 生猪价格波动对农户福利效应的异质性影响[J]. 统计与决策, 2021, 37(16): 90-94.

29. 付莲莲, 伍健, 杨娜. 生猪价格波动的时序特征和空间特征的异质性——基于江西的分析[J]. 农林经济管理学报, 2018(5): 81-89.

30. 付莲莲, 喻龙敏, 赵金霞. 生猪全产业链价格传导的门限效应——基于生猪期货对冲风险视角[J]. 农林经济管理学报, 2021, 20(2): 219-226.

31. 高海秀. 中国牧草生产者种植决策行为研究[D]. 中国农业科学院, 2020.

32. 高群, 宋长鸣. 美国生猪价格突变识别及对我国的启示[J]. 国际经贸探索, 2015(5): 62-72.

33. 龚继红, 何存毅, 曾凡益. 农民绿色生产行为的实现机制——基于农民绿色生产意识与行为差异的视角[J]. 华中农业大学学报(社会科学版), 2019, 139(1): 68-76, 165-166.

34. 巩雪. 我国生猪价格指数保险研究[D]. 东北农业大学, 2015.

35. 谷政, 赵慧敏. 我国生猪价格波动及其成因分析[J]. 云南农业大学学报(社会科学), 2018(6): 63-70.

36. 顾立伟. 中小型养殖户该如何应对生猪市场波动[J]. 中国畜牧杂志, 2014, 50(6): 48-50, 56.

37. 郭刚奇. 基于 ARCH 模型的猪肉价格波动短期特征分析 [J]. 经济问题, 2017(11): 95-100.

38. 郭婧驰, 张明源. 经济政策稳定性对我国生猪产业链价格的影响[J]. 经济纵横, 2021, 422(1): 98-110.

39. 郭孔秀. 中国古代猪文化试探[J]. 农业考古, 2000(3): 159-167, 174.

40. 郭利京, 林云志. 中国生猪养殖业规模化动力、路径及影响研究[J]. 农村经济, 2020, 454(8): 126-135.

41. 郭利京, 刘俊杰, 赵瑾. 生猪价格预期对仔猪价格形成的动态影响分析——基于行为经济学的视角[J]. 农村经济, 2015(3): 46-49.

42. 郭利京, 刘俊杰, 韩刚. 养殖主体行为与生猪价格形成机制[J]. 统计与信息论坛, 2014, 29(08): 79-84.

43. 郭娜, 梁佳. 生猪价格周期性波动的现状、成因及对策分析[J]. 中国畜牧杂志, 2013, 49(16): 23-26.

44. 韩志荣, 冯亚凡. 新中国农产品价格 40 年[M]. 北京: 水利电力出版社, 1992.

45. 何大安. 行为经济人有限理性的实现程度[J]. 中国社会科学, 2004(4): 91-101, 207-208.

46. 何大安. 理性选择向非理性选择转化的行为分析[J]. 经济研究, 2005(8): 73-83.

47. 何大安, 康军巍. 有限理性约束下决策者行为的理论和实证分析——一种借助于彩票投注者决策情形的分析性考察[J]. 浙江学刊, 2016(5): 175-184.

48. 何蒲明, 朱信凯. 玉米价格与生猪价格波动关系的实证研究[J]. 经济问题探索, 2011(12): 87-90.

49. 何悦, 漆雁斌. 农户绿色生产行为形成机理的实证研究[J]. 长江流域资源与环境, 2021, 30(2): 493-506.

50. 贺京同, 那艺. 行为经济学[M]. 北京: 中国人民大学出版社, 2015.

51. 侯晶, 侯博. 农户订单农业参与行为及其影响因素分析——基于计划行为理论视角[J]. 湖南农业大学学报(社会科学版), 2018, 19(1): 17-24.

52. 侯麟科, 仇焕广, 白军飞, 等. 农户风险偏好对农业生产要素投入的影响——以农户玉米品种选择为例[J]. 农业技术经济, 2014(5): 21-29.

53. 侯淑霞, 林海英, 李文龙. 农牧户生计资本对农畜产品销售渠道选择影响研究[J]. 中国农业资源与区划, 2020, 41(3): 74-84.

54. 胡豹. 农业结构调整中农户决策行为研究[D]. 浙江大学, 2004.

55. 胡迪, 杨向阳, 王舒娟. 大豆目标价格补贴政策对农户生产行为的影响[J]. 农业技术经济, 2019, 287(3): 16-24.

56. 胡浩, 戈阳. 非洲猪瘟疫情对我国生猪生产与市场的影响[J]. 中国畜牧杂志, 2020, 56(1): 168-172.

57. 胡浩, 应瑞瑶, 刘佳. 中国生猪产地移动的经济分析——从自然性布局向经济性布局的转变[J]. 中国农村经济, 2005(12): 46-52, 60.

58. 胡凯, 甘筱青. 我国生猪价格波动的系统动力学仿真与对策分析[J]. 系统工程理论与实践, 2010(12).

59. 胡凯. 生猪供应链节点间的行为策略与契约研究[D]. 南昌大学, 2007.

60. 胡向东, 王济民. 中国猪肉价格指数的门限效应及政策分析[J]. 农业技术经济, 2010(7): 13-21.

61. 胡向东, 王明利. 美国生猪生产和价格波动成因与启示[J]. 农业经济问题, 2013(9): 98-109.

62. 胡向东. 基于市场模型的我国猪肉供需研究[D]. 中国农业科学院, 2011.

63. 黄炳凯, 耿献辉, 胡浩. 中国生猪养殖规模结构变动是产业政策造成的吗?——基于马尔可夫链的实证分析[J]. 中国农村观察, 2021(4): 123-144.

64. 黄微. 基于心理契约治理机制的农业龙头企业与农户合作渠道绩效研究[D]. 浙江师范大学, 2013.

65. 黄炎忠, 罗小锋, 张俊飚. 农户生产行为调整及影响因素分析——基于547个食用菌种植户的调查[J]. 中国农业资源与区划, 2020, 41

（12）：51-56.

66. 贾伟，杨艳涛，秦富. 中国猪肉产业链价格传导机制分析［J］. 统计与信息论坛，2013（3）：49-55.

67. 贾夕艺. 美国猪肉价格波动研究［D］. 四川大学，2021.

68. 江光辉，胡浩. 非洲猪瘟疫情冲击下生猪养殖户生产恢复行为研究——来自江苏省的经验证据［J］. 农林经济管理学报，2021，20（2）：227-237.

69. 姜楠，韩一军. 猪肉价格形成过程及利益分配情况调研报告［J］. 中国猪业，2008（6）：29-33.

70. 金帅，顾敏，盛昭瀚，等. 考虑排污权市场价格不确定性的企业生产决策［J］. 中国管理科学，2020，28（4）：109-121.

71. Kahneman Daniel，Tversky Amos，胡宗伟. 前景理论：风险决策分析［J］. 经济资料译丛，2008（1）：1-18.

72. 寇光涛. 东北稻米全产业链增值的创新路径及机制研究［D］. 中国农业大学，2017.

73. 兰勇，蒋黾，杜志雄. 农户向家庭农场流转土地的续约意愿及影响因素研究［J］. 中国农村经济，2020，421（1）：65-85.

74. 兰勇，张愈强. 小规模生猪养殖户的扩大规模意愿研究——基于宁乡市194个养殖户的调查［J］. 黑龙江畜牧兽医，2020（22）：21-26.

75. 李傲群，李学婷. 基于计划行为理论的农户农业废弃物循环利用意愿与行为研究——以农作物秸秆循环利用为例［J］. 干旱区资源与环境，2019，33（12）：33-40.

76. 李道和，郭锦镛. 农户合作行为的博弈分析［J］. 江西农业大学学报，2008（1）：180-185.

77. 李国祥. 稳定生猪市场根本在于稳定生产能力［J］. 农村工作通讯，2011（15）：1

78. 李国祥. 猪肉价格形成机制的逻辑［J］. 农经，2019（11）：16-20.

79. 李桦. 生猪饲养规模及其成本效益分析［D］. 西北农林科技大学，

2007.

80. 李剑, 宋长鸣, 项朝阳. 中国粮食价格波动特征研究——基于 X-12-ARIMA 模型和 ARCH 类模型[J]. 统计与信息论坛, 2013(6)：16-21.

81. 李竞. 基于前景理论的中国个体证券投资者非理性决策行为探析[J]. 世界经济情况, 2007(11)：51-55.

82. 李莉. 赫伯特·西蒙"有限理性"理论探析[D]. 苏州大学, 2007.

83. 李明, 杨军, 徐志刚. 生猪饲养模式对猪肉市场价格波动的影响研究——对中国、美国和日本的比较研究[J]. 农业经济问题, 2012 (12)：73-78.

84. 李鹏程, 王明利. 环保和非洲猪瘟疫情双重夹击下生猪生产如何恢复——基于八省的调研[J]. 农业经济问题, 2020, 486(6)：109-118.

85. 李清水, 李登峰, 李辉, 等. 基于前景理论的区域绿色经济发展水平多指标评价[J]. 运筹与管理, 2021, 30(6)：118-123.

86. 李清州, 宋淑敏, 吴泽玉, 等. 河南省猪肉及其制品生产的现状、问题与对策[J]. 河南农业科学, 2013, 42(12)：139-143.

87. 李拓, 钱巍, 李翠霞. 基于前景理论的东北三省农户种养行为决策研究[J]. 黑龙江畜牧兽医, 2017(8)：1-5, 9.

88. 李婷婷, 马娟娟. 基于 X-12 和 H-P 滤波模型的猪肉价格波动规律研究——以四川省为例[J]. 农业技术经济, 2018, 17(2)：177-184.

89. 李文瑛, 宋长鸣. 价格波动背景下生猪产业链利益分配格局——基于两种养殖模式产业链的调研[J]. 华中农业大学学报(社会科学版), 2017, 128(2)：8-14, 130.

90. 李文瑛, 肖小勇. 价格波动背景下生猪养殖决策行为影响因素研究——基于前景理论的视角[J]. 农业现代化研究, 2017, 38(3)：484-492.

91. 李文瑛. 安徽生猪保险发展问题研究[J]. 蚌埠学院学报, 2017, 6(3)：77-82.

92. 李文瑛, 李崇光, 肖小勇. 基于刺激-反应理论的有机食品购买行为研究——以有机猪肉消费为例[J]．华东经济管理，2018，32（6）：171-178.

93. 李元鑫，周慧，常倩．中美政策性生猪保险比较分析[J]．黑龙江畜牧兽医，2021（22）：20-25.

94. 廖翼，周发明．我国生猪价格调控政策分析[J]．农业技术经济，2013（9）：26-34.

95. 廖翼．中国生猪产业扶持政策的满意度及敏感性分析[J]．技术经济，2014（6）：38-42.

96. 凌薇．丹麦："养猪王国"是如何养猪的[J]．农经，2018，329（10）：90-93.

97. 刘春明，周杨．中国规模化生猪养殖环境效率的空间相关及溢出效应[J]．世界农业，2020（08）：105-113.

98. 刘刚，罗千峰，张利庠．畜牧业改革开放40周年：成就、挑战与对策[J]．中国农村经济，2018（12）：19-36.

99. 刘清泉，周发明．生猪价格预期与供给动态反应研究[J]．价格月刊，2012（11）：33-36.

100. 刘清泉，周发明，李毅．我国生猪产业链价格关系与动态效应[J]．统计与决策，2012（14）：131-134.

101. 刘清泉．我国生猪产业链各环节价格影响因素实证研究[J]．价格理论与实践，2013（1）：93-94.

102. 刘烁，郭军，陶建平，等．规模化养殖能平缓生猪价格波动吗？[J]．世界农业，2021（10）：93-104.

103. 刘晓宇，辛良杰．中国生猪耗粮系数时空演变特征[J]．自然资源学报，2021，36（6）：1494-1504.

104. 刘晓昀，李娜．贫困地区农户散养生猪的销售行为分析[J]．中国农村经济，2007（9）：60-65.

105. 刘勇，张露，梁志会，等．有限理性、低碳农业技术与农户策略选择——基于农户视角的博弈分析[J]．世界农业，2019（9）：59-68.

106. 刘永轩. 湖北省猪肉价格波动对养殖户养殖意愿的影响研究[D]. 武汉轻工大学, 2021.

107. 刘子飞. 农户有机农业种植意愿的实证研究——基于陕西洋县有机水稻农户调查数据的分析[J]. 中国农学通报, 2017, 33(23): 157-164.

108. 卢艳平, 肖海峰. 我国居民肉类消费特征及趋势判断——基于双对数线性支出模型和 LA/AIDS 模型[J]. 中国农业大学学报, 2020, 25(1): 180-190.

109. 罗千峰, 王雪擎, 王博. 基于蛛网理论的生猪价格周期性波动机理分析[J]. 中国物价, 2017(7): 73-75.

110. 罗千峰, 张利庠. 基于 B-N 分解法的我国生猪价格波动特征研究[J]. 农业技术经济, 2018(7): 93-106.

111. 吕东辉, 杨祚, 金春雨. 基于 MS-ARCH 模型的我国生猪价格波动特征检验及其与 CPI 变动关联性分析[J]. 农业技术经济: 2012, (9): 96-103.

112. 吕杰, 綦颖. 生猪市场价格周期性波动的经济学分析[J]. 农业经济问题, 2007(7): 89-92.

113. 马改艳, 周磊. 美国生猪价格保险的经验及对中国的启示[J]. 世界农业, 2016(12): 32-37.

114. 马凯, 赵海. 德国扶持农业经营主体的措施及启示[N/OL]. 农民日报. 2015-12-26.

115. 马克思. 资本论[M]. 北京: 人民出版社, 1975.

116. 马兴微. 探析"弃猪"现象的深层次原因——"弃猪"现象与猪肉价格波动的关联性研究[J]. 价格理论与实践, 2013(4): 43-44.

117. 毛学峰, 曾寅初. 我国生猪市场价格动态变动规律研究——基于月度价格非线性模型分析[J]. 农业技术经济, 2009(3): 87-93.

118. 乔金亮. 收储能改变超级猪周期吗[N/OL]. 经济日报. 2022-2-15.

119. 苗珊珊. 突发事件信息冲击对猪肉价格波动的影响[J]. 管理评论, 2018(9): 248-257.

120. 闵师，王晓兵，白军飞，等. 预期价格变动对农户生产行为调整的非对称影响——基于西双版纳胶农调查分析[J]. 农业现代化研究，2017（3）：475-483.

121. 尼克·威尔金森. 行为经济学[M]. 北京：中国人民大学出版社，2015.

122. 聂赟彬，高翔，李秉龙，等. 非洲猪瘟疫情背景下养殖场户生产决策研究——对生猪生产恢复发展的思考[J]. 农业现代化研究，2020，41（6）：1031-1039.

123. 宁攸凉，乔娟，王慧敏，等. 养猪户销售行为特征分析[J]. 中国猪业，2011，5（7）：6-9.

124. 宁攸凉. 中国生猪业生产率及增长研究[D]. 西北农林科技大学，2009.

125. 潘方卉，李翠霞. 我国生猪价格非线性波动规律的实证研究——基于Markov区制转移模型[J]. 价格理论与实践，2014（2）：84-86.

126. 潘方卉，刘丽丽，庞金波. 中国生猪价格周期波动的特征与成因分析[J]. 农业现代化研究，2016（1）：79-86.

127. 泮敏. 不确定下的前景理论综述[J]. 经济研究导刊，2015（21）：285-288.

128. 彭代彦，喻志利. 中国生猪价格波动影响因素协整分析——基于非结构突变与结构突变分析的比较[J]. 价格月刊，2015（9）：23-28.

129. 彭长生，王全忠，李光泗，等. 稻谷最低收购价调整预期对农户生产行为的影响——基于修正的Nerlove模型的实证研究[J]. 中国农村经济，2019，415（7）：51-70.

130. 彭涛，卢凤君，李晓红，等. 我国生猪价格波动形成与控制的系统分析[J]. 华南农业大学学报（社会科学版），2009，8（2）：38-42.

131. 彭玉珊，孙世民，陈会英. 养猪场（户）健康养殖实施意愿的影响因素分析——基于山东省等9省（区、市）的调查[J]. 中国农村观察，2011（2）：16-25.

132. 綦颖，宋连喜. 生猪价格波动影响因素的实证分析——以辽宁省为例[J]. 中国畜牧杂志，2009，45(8)：1-4.

133. 钱力，倪修凤，宋俊秀. 计划行为理论视角下连片特困地区扶贫绩效评价及影响因素研究——基于大别山片区的实证分析[J]. 财贸研究，2020，31(5)：39-51.

134. 乔颖丽，吉晓光. 中国生猪规模养殖与农户散养的经济分析[J]. 中国畜牧杂志，2012，48(08)：14-19.

135. 邱皓政，林碧芳. 结构方程模型的原理与应用[M]. 北京：中国轻工业出版社，2009.

136. 全世文，曾寅初，毛学峰. 国家储备政策与非对称价格传导——基于对中国生猪价格调控政策的分析[J]. 南开经济研究，2016(4)：136-152.

137. 任青山. 基于 BP 神经网络的生猪价格分析预测[D]. 湖南农业大学大学，2018.

138. 任晓娣. 山东省生猪价格波动的影响因素分析及政策研究[D]. 山东理工大学，2021.

139. 尚燕，熊涛. 所为非所想？农户风险管理意愿与行为的悖离分析[J]. 华中农业大学学报(社会科学版)，2020，149(5)：19-28，169.

140. 沈鑫琪，乔娟. 价格波动情境下不同规模养猪场户的相机选择行为差异——对缓解生猪价格大幅波动的思考[J]. 华中农业大学学报(社会科学版)，2019(5)：54-62，167-168.

141. 盛光华，龚思羽，解芳. 中国消费者绿色购买意愿形成的理论依据与实证检验——基于生态价值观、个人感知相关性的 TPB 拓展模型[J]. 吉林大学社会科学学报，2019，59(1)：140-151，222.

142. 石志恒，崔民，张衡. 基于扩展计划行为理论的农户绿色生产意愿研究[J]. 干旱区资源与环境，2020，34(3)：40-48.

143. 石自忠，王明利，高海秀. 中国猪肉价格波动的双重非对称效应——基于 MS-GARCH 类模型[J]. 农林经济管理学报，2019，18(5)：675-

683.

144. 双琰，胡江峰，王钊. 粮农生产行为调整动机：效益还是效用——基于2290份农户的追踪调查样本[J]. 农业技术经济，2019，291(7)：28-39.

145. 司瑞石. 风险认知、环境规制与养殖户病死猪无害化处理行为研究[D]. 西北农林科技大学，2020.

146. 司润祥. 生猪价格超常波动测算与成因研究[D]. 东北农业大学，2018.

147. 宋冬林，谢文帅. 我国生猪产业高质量发展的政治经济学分析[J]. 经济纵横，2020，413(4)：1-9，137.

148. 宋雨河，武拉平. 价格对农户蔬菜种植决策的影响——基于山东省蔬菜种植户供给反应的实证分析[J]. 中国农业大学学报(社会科学版)，2014(2)：136-142.

149. 宋雨河. 农户生产决策与农产品价格波动研究[D]. 中国农业大学，2015.

150. 宋长鸣. 非线性非均衡蛛网模型框架下猪肉价格循环波动研究——基于可变参数模型的实证[J]. 华中农业大学学报(社会科学版)，2016(6)：1-7，142.

151. 宋长鸣. 蔬菜价格波动背景下生产者种植意愿变化研究——兼论对Logistic模型的重新解读[J]. 中国农业大学学报，2016，21(1)：147-156.

152. 宋连喜. 生猪散养模式的利弊分析与趋势预测[J]. 中国畜牧杂志，2007(18)：17-20.

153. 孙秀玲. 中国生猪价格波动机理研究(2000—2014)[D]. 中国农业大学，2015.

154. 谭莹，邱俊杰. 中国生猪生产效率及生猪补贴政策优化分析[J]. 统计与信息论坛，2012，27(3)：61-66.

155. 谭莹. 我国生猪补贴政策效应及政策优化研究[M]. 北京：中国经济

出版社, 2015.

156. 谭莹, 胡洪涛. 环境规制、生猪生产与区域转移效应[J]. 农业技术经济, 2021, 309(1): 93-104.

157. 汤颖梅, 侯德远, 王怀明, 等. 母猪补贴与母猪保险政策对养殖户决策的影响分析[J]. 中国畜牧杂志, 2010, 46(14): 17-20.

158. 汤颖梅, 潘宏志, 王怀明. 江苏、四川两省农户生猪生产决策行为研究[J]. 农业技术经济, 2013(8): 32-39.

159. 唐莉, 王明利. 中国生猪产业发展、政策评价与现实约束——基于政策与环境视角[J]. 世界农业, 2020, 499(11): 112-124.

160. 唐莉. 环保约束下中国生猪养殖效率研究[D]. 中国农业科学院, 2020.

161. 陶红军, 谢超平. 我国猪肉贸易环境污染效应分析[J]. 华南农业大学学报(社会科学版), 2016(2): 113-122.

162. 陶建平, 胡颖, 郭军, 等. 我国生猪市场区制转换与产业链价格关联研究[J]. 价格理论与实践, 2021(5): 57-60, 148.

163. 田文勇, 姚琦馥, 吴秀敏. 我国生猪规模养殖变化与价格波动动态关系研究[J]. 价格理论与实践, 2016(2): 81-84.

164. 涂国平, 冷碧滨. 基于博弈模型的"公司+农户"模式契约稳定性及模式优化[J]. 中国管理科学, 2010(3): 148-157.

165. 瓦尼·布鲁雅. Logit 与 Probit: 次序模型和多类别模型[M]. 上海: 上海人民出版社, 2012.

166. 汪紫钰, 蔡荣. 生猪合作社对农户生产绩效的影响——基于生猪养殖户的调查实证[J]. 中国畜牧杂志, 2019, 55(10): 151-156.

167. 王丹. 生猪价格波动风险预警研究[D]. 延边大学, 2019.

168. 王东阳, 程广燕, 肖红波, 等. 对转变生猪业发展和调控方式的若干思考及建议[J]. 农业经济问题, 2009(7): 9-12, 110.

169. 王方舟. 河北省蔬菜生产对价格变动的反应研究——基于经济学的蛛网模型检验[J]. 湖北农业科学, 2013(2): 463-466.

170. 王芳，陈俊安. 中国养猪业价格波动的传导机制分析[J]. 中国农村经济，2009(7)：31-41.

171. 王芳，石自忠. 后疫情时代的中国生猪产业：风险挑战与应对策略[J]. 农业经济与管理，2021，66(2)：43-50.

172. 王刚毅，王孝华，李翠霞. 养殖资本化对生猪价格波动的稳定效应研究[J]. 中国农村经济，2018(6)：55-66.

173. 王宏梅，赵瑞莹. 大数据视角下生猪价格波动的关联分析[J]. 山东社会科学，2017(10)：160-165.

174. 王宏梅，赵瑞莹. 生猪生产决策行为研究——以山东省为例[J]. 东岳论丛，2019，40(5)：120-128.

175. 王宏梅，孙毅. 缓解生猪市场波动的政府调控机制研究[J]. 山东社会科学，2020，297(5)：123-128.

176. 王欢，乔娟，李秉龙. 养殖户参与标准化养殖场建设的意愿及其影响因素——基于四省(市)生猪养殖户的调查数据[J]. 中国农村观察，2019(4)：111-127.

177. 王克，张旭光，张峭. 生猪价格指数保险的国际经验及其启示[J]. 中国猪业，2014(10)：17-21.

178. 王明浩. 猪肉价格波动对居民消费需求的影响[J]. 经济研究导刊，2021(20)：36-40.

179. 王明利，李威夷. 生猪价格的趋势周期分解和随机冲击效应测定[J]. 农业技术经济，2010(12)：68-77.

180. 王明利. "十四五"时期畜产品有效供给的现实约束及未来选择[J]. 经济纵横，2020(5)：100-108.

181. 王善高. 投入要素及其生产率对生猪养殖产出增长的驱动分析[J]. 湖南农业大学学报(社会科学版)，2021，22(2)：1-8.

182. 王善高，田旭. 生猪养殖环境规制的测度及其地区差距分析[J]. 中国农业资源与区划，2022(3)：1-11.

183. 王娅鑫. 省域视角下生猪价格波动的空间关联研究[D]. 华中农业大

学，2019.

184. 王雨林，刘国强，李后建，等. 农户继续从事生猪散养行为的影响因素分析——基于四川省 25 个县（市、区）的调查[J]. 中国农村观察，2015(5)：85-96.

185. 王祥礼，罗小锋，余威震，等. 赡抚比对农户农业生产意愿的影响研究——基于湖北省 769 户农户的调查[J]. 长江流域资源与环境，2020，29(7)：1674-1684.

186. 王长琴，周德. 我国生猪调控政策对猪肉价格波动的影响[J]. 江苏农业科学，2020，48(18)：322-327.

187. 文长存. 农户高价值农产品生产经营行为实证研究[D]. 中国农业科学院，2017.

188. 闻一言. 理性应对"猪周期"[N/OL]. 中国审计报. 2021-7-5.

189. 吴连翠，张震威. 水稻规模种植户持续种植意愿影响因素研究[J]. 中国农业资源与区划，2021，42(3)：95-102.

190. 吴明隆. 结构方程模型——AMOS 的操作与应用[M]. 重庆：重庆大学出版社，2017.

191. 吴宗法，詹泽雄. 前景理论视角下失地补偿理论分析[J]. 农业技术经济，2014(11)：4-13.

192. 西奥多·W. 舒尔茨. 改造传统农业[M]. 北京：商务印书馆，2010.

193. 夏益国，孙群，刘艳华，等. 建构农业安全网：美国经验和中国实践及政策建议[J]. 农业现代化研究，2014(3)：257-262.

194. 夏益国，黄丽，傅佳. 美国生猪毛利保险运行机制及启示[J]. 价格理论与实践，2015(7)：43-45.

195. 肖开红，王小魁. 基于 TPB 模型的规模农户参与农产品质量追溯的行为机理研究[J]. 科技管理研究，2017(2)：249-254.

196. 徐旺生. 明清时期的养猪业[J]. 猪业科学，2010，27(12)：108-110.

197. 徐雪高. 猪肉价格高位大涨的原因及对宏观经济的影响[J]. 农业技术经济，2008(3)：4-9.

198. 徐迎军,尹世久,陈雨生,等.有机蔬菜农户生产规模变动意愿及其影响因素——基于寿光市 785 份调查数据[J].湖南农业大学学报(社会科学版),2014(6):32-38.

199. 徐紫艳.农户规模化养殖背景下我国生猪价格波动研究[D].厦门大学,2014.

200. 许彪,施亮,刘洋.我国生猪养殖行业规模化演变模式研究[J].农业经济问题,2015(2):21-26,110.

201. 许志华,卢静暄,曾贤刚.基于前景理论的受偿意愿与支付意愿差异性——以青岛市胶州湾围填海造地为例[J].资源科学,2021,43(5):1025-1037.

202. 薛洲,曹光乔.农户采纳信息服务意愿分析[J].华南农业大学学报(社会科学版),2017,16(2):60-70.

203. 闫岩.计划行为理论的产生、发展和评述[J].国际新闻界,2014,36(7):113-129.

204. 闫云仙.美国畜产品价格风险管理模式及效果分析[J].中国畜牧杂志,2012(10):53-56.

205. 严斌剑,卢凌霄.生猪价格波动周期的特点及其调控[J].价格理论与实践,2014(08):69-70,117.

206. 严荣光,严斌剑.对生猪价格波动的探究与思考——基于湖北省 2007 年以来相关价格的实证分析[J].价格理论与实践,2010(5):54-55.

207. 杨朝英,徐学荣.中国生猪价格波动特征分析[J].技术经济:2011,30(3):100-103.

208. 杨柳,朱玉春,任洋.收入差异视角下农户参与小农水管护意愿分析——基于 TPB 和多群组 SEM 的实证研究[J].农村经济,2018(1):97-104.

209. 杨强.中国生猪价格的波动机制及预测方法的比较研究[D].四川农业大学,2019.

210. 杨唯一.农户技术创新采纳决策行为研究[D].哈尔滨工业大学,

2015.

211. 姚琦馥, 田文勇. 养殖户购买生猪目标价格保险意愿及影响因素分析——基于川黔试点县 282 个样本的调查 [J]. 价格理论与实践, 2020, 432(6): 113-116.

212. 姚增福. 黑龙江省种粮大户经营行为研究 [D]. 西北农林科技大学, 2011.

213. 姚增福, 郑少锋. 种粮大户售粮方式行为选择及影响因素分析——基于"PT"前景理论和 Slogit 模型 [J]. 西北农林科技大学学报(社会科学版), 2013, 13(1): 39-45.

214. 乙永松. 江西省生猪价格波动特征、原因及对策研究 [D]. 华东交通大学, 2018.

215. 易文燕. 农产品伦理购买行为形成机制研究 [D]. 华中农业大学, 2021.

216. 易泽忠, 高阳, 郭时印, 等. 我国生猪市场价格风险评价及实证分析 [J]. 农业经济问题, 2012(4): 22-29.

217. 易泽忠, 高阳, 刘学文, 等. 我国生猪市场风险的主要特征和危害及政策建议 [J]. 农业现代化研究, 2012(4): 425-429.

218. 应瑞瑶, 王瑜. 交易成本对养猪户垂直协作方式选择的影响——基于江苏省 542 户农户的调查数据 [J]. 中国农村观察, 2009(2): 46-56, 85.

219. 于爱芝, 郑少华. 我国猪肉产业链价格的非对称传递研究 [J]. 农业技术经济, 2013(9): 35-41.

220. 于爱芝, 王鹤. 基于阈值协整的我国猪肉价格与 CPI 关系研究 [J]. 华中农业大学学报(社会科学版), 2016(3): 1-8+132.

221. 于爱芝, 杨敏. 农产品价格波动非对称传递研究的回顾与展望 [J]. 华中农业大学学报(社会科学版), 2018(3): 9-17, 152.

222. 于连超. 环境规制对生猪养殖业绿色全要素生产率的影响研究 [D]. 西南大学, 2020.

223. 于全辉. 基于有限理性假设的行为经济学分析[J]. 经济问题探索, 2006(7): 20-23.

224. 喻龙敏, 付莲莲. 国际生猪价格和国内生猪价格的动态关联性——基于外部冲击视角[J]. 世界农业, 2022(1): 62-75.

225. 喻闻, 孔繁涛, 于海鹏. 中国农户散养生猪生产成本要素分析[J]. 中国养猪业(猪业经济), 2012(3): 4-6.

226. 曾昉, 李大胜, 谭莹. 环境规制背景下生猪产业转移对农业结构调整的影响[J]. 中国人口·资源与环境, 2021, 31(6): 158-166.

227. 曾杨梅. 环境规制、社会规范与畜禽规模养殖户清洁生产行为研究[D]. 华中农业大学, 2020.

228. 翟建才. 论决策行为[J]. 社会科学研究, 1987(5): 31-35.

229. 张爱军. 养殖规模化对平缓生猪价格周期效应的中美比较与现实启示[J]. 农业现代化研究, 2015(5): 826-833.

230. 张晨, 罗强, 俞美莲. 中国生猪价格波动的经济学解释[J]. 中国农学通报, 2013, 29(17): 1-6.

231. 张存根. 提高生猪小农户生产者的竞争力[J]. 中国猪业, 2006(02): 5-7.

232. 张春丽, 肖洪安. 我国不同规模生猪养殖户数量波动与价格波动的相关性分析[J]. 中国畜牧杂志, 2013(12): 3-7.

233. 张空, 赵春秀, 韩俊文, 等. 中国养猪业的波动及其对策[J]. 农业技术经济, 1996(6): 24-26.

234. 张敏. 生猪市场价格周期波动与非线性动态行为研究[D]. 湖南大学, 2019.

235. 张峭, 王川, 王克. 我国畜产品市场价格风险度量与分析[J]. 经济问题, 2010(3): 90-94.

236. 张守莉, 刘娜娜, 杜尚伟, 等. 加拿大生猪价格指数保险的实施经验对中国的启示[J]. 黑龙江畜牧兽医, 2019, 588(24): 15-18.

237. 张童朝, 颜廷武, 何可, 等. 利他倾向、有限理性与农民绿色农业技术采纳行为［J］. 西北农林科技大学学报（社会科学版），2019，19（5）：115-124.

238. 张伟豪，徐茂洲，苏荣海. 与结构方程模型共舞：曙光初现［M］. 厦门：厦门大学出版社，2020.

239. 张喜才，张利庠. 我国生猪产业链整合的困境与突围［J］. 中国畜牧杂志，2010，46（8）：22-26.

240. 张喜才，张利庠，卞秋实. 外部冲击对生猪产业链价格波动的影响及调控机制研究［J］. 农业技术经济，2012（7）：22-31.

241. 张显运. 宋代畜牧业研究［D］. 河南大学，2007.

242. 张晓东. 中国养猪业生产波动分析与预测预警研究［D］. 东北农业大学，2013.

243. 张旭光. 奶牛保险的减损效果及对养殖户行为的影响［D］. 内蒙古农业大学，2016.

244. 张燕媛. 生猪养殖户政策性保险的需求偏好与效果评估研究［D］. 南京农业大学，2017.

245. 张燕媛. 生猪养殖户的风险认知和风险管理偏好分析——基于江苏、河南两省调研数据［J］. 山西农业大学学报（社会科学版），2020，19（2）：54-62.

246. 张莹. 中国羊绒产业链主要环节及纵向协作研究［D］. 中国农业大学，2015.

247. 张宇青，周应恒，易中懿. 中国生猪出栏价格波动的非线性特征分析与预测［J］. 统计与决策，2015（1）：141-143.

248. 张郁，齐振宏，孟祥海. 规模养猪户的环境风险感知及其影响因素［J］. 华南农业大学学报（社会科学版），2015，14（2）：27-36.

249. 张园园，孙世民，王仁强. 生猪养殖规模化主体行为意愿的影响因素——基于 Probit-ISM 分析方法的实证研究［J］. 技术经济，2015，34（1）：95-100，124.

250. 张园园，吴强，孙世民. 生猪养殖规模化程度的影响因素及其空间效应——基于 13 个生猪养殖优势省份的研究[J]. 中国农村经济, 2019（1）: 62-78.

251. 张占录, 张雅婷, 张远索, 等. 基于计划行为理论的农户主观认知对土地流转行为影响机制研究[J]. 中国土地科学, 2021, 35(4): 53-62.

252. 张仲葛. 我国养猪业的历史[J]. 动物学报, 1976(1): 14-25, 119-120.

253. 张仲葛. 中国养猪史初探[J]. 农业考古, 1993(1): 209, 210-213.

254. 章睿馨, 银西阳, 贾小娟, 等. 我国大规模生猪养殖全要素生产率的动态演进及区域差异研究[J]. 中国农业资源与区划, 2021, 42(4): 74-83.

255. 赵瑾, 李莉, 郭利京. 外界冲击对猪肉价格波动的非对称性影响[J]. 江苏农业科学, 2017(18): 303-306.

256. 赵景峰, 任民中, 田志国. 对县城生猪养殖情况的调查思考——以海伦市为例[J]. 黑龙江金融, 2019(07): 51-52.

257. 赵黎. 德国生猪产业组织体系: 多元化的发展模式[J]. 中国农村经济, 2016(4): 81-90.

258. 赵守军. 山东省生猪价格风险预警管理研究[D]. 山东农业大学, 2013.

259. 赵晓飞, 潘泽江. 心理契约对农户交易模式选择的影响分析——来自湖北省 413 户农户调查的经验证据[J]. 北京工商大学学报(社会科学版), 2015(1): 23-28.

260. 赵辛. 鲜活农产品供应链价格风险生成机理与管理机制研究[D]. 西南大学, 2013.

261. 赵玉, 严武. 市场风险、价格预期与农户种植行为响应——基于粮食主产区的实证[J]. 农业现代化研究, 2016(1): 50-56.

262. 赵长保, 李伟毅. 美国农业保险政策新动向及其启示[J]. 农业经济问题, 2014(6): 103-109.

263. 郑瑞强, 罗千峰. 江西生猪产业特征、现实困境与发展策略[J]. 农林经济管理学报, 2015(4): 405-412.

264. 郑瑞强，翁贞林. 国际竞争视野下生猪产业发展策略探讨[J]. 江苏农业科学，2016（4）：531-534.

265. 郑微微，胡浩，周力. 基于碳排放约束的生猪养殖业生产效率研究[J]. 南京农业大学学报（社会科学版），2013，13（2）：60-67.

266. 钟甫宁，胡雪梅. 中国棉农棉花播种面积决策的经济学分析[J]. 中国农村经济，2008（6）：39-45.

267. 钟涨宝，陈小伍，王绪朗. 有限理性与农地流转过程中的农户行为选择[J]. 华中科技大学学报（社会科学版），2007（6）：113-118.

268. 周建军，谭莹，胡洪涛. 环境规制对中国生猪养殖生产布局与产业转移的影响分析[J]. 农业现代化研究，2018，39（3）：440-450.

269. 周晶，张科静，丁士军. 养殖规模化对中国生猪生产波动的稳定效应研究——基于省际面板数据的实证分析[J]. 江西财经大学学报，2015（1）：84-94.

270. 周静，曾福生. "变或不变"：粮食最低收购价下调对稻作大户种植结构调整行为研究[J]. 农业经济问题，2019（3）：27-36.

271. 周玲强，李秋成，朱琳. 行为效能、人地情感与旅游者环境负责行为意愿：一个基于计划行为理论的改进模型[J]. 浙江大学学报（人文社会科学版），2014（2）：88-98.

272. 周曙东，乔辉. 花生价格对农户生产决策与收益的影响分析——基于规模分化的视角[J]. 农业现代化研究，2017（6）：930-937.

273. 周业安. 行为经济学是对西方主流经济学的革命吗[J]. 中国人民大学学报，2004（2）：32-38.

274. 周志鹏. 美国生猪毛利润保险对中国生猪价格指数保险的启示[J]. 世界农业，2014（12）：45-48.

275. 朱庆武，张小盟，吴敏. 基于三阶段 DEA 模型的我国大规模生猪养殖生产效率分析[J]. 黑龙江畜牧兽医，2017（1）：6.

276. 朱玉春，乔文，王芳. 农民对农村公共品供给满意度实证分析——基于陕西省 32 个乡镇的调查数据[J]. 农业经济问题，2010（1）：59-66.

277. 朱增勇, 李梦希, 张学彪. 非洲猪瘟对中国生猪市场和产业发展影响分析[J]. 农业工程学报, 2019, 35(18): 205-210.

278. 朱增勇. 中国猪肉价格周期性波动与稳定机制建设研究——基于中国猪肉价格周期性波动分析[J]. 价格理论与实践, 2021(6): 13-16.

279. 朱长宁. 退耕还林背景下农户经济行为研究[D]. 南京农业大学, 2014.

280. 朱长宁, 汪浩. 乡村振兴战略视域下乡村旅游供应链整合对策研究[J]. 经济问题, 2021(12): 75-81.

281. 祝丹妮. 有机蔬菜溢价支付意愿的影响因素研究[D]. 中南林业科技大学, 2020.

282. 祝士平. 山东省养羊场(户)生产行为的实证研究[D]. 山东农业大学, 2016.

283. 庄岩. 中国农产品价格波动特征的实证研究——基于广义误差分布的ARCH 类模型[J]. 统计与信息论坛, 2012(6): 59-65.

284. 卓志, 王禹. 生猪价格保险及其风险分散机制[J]. 保险研究, 2016(5): 109-119.

285. 邹嘉琦. 大蒜价格与产业链利益主体行为影响关系研究[D]. 山东农业大学, 2019.

286. 俎文红. 发达国家稳定猪肉价格的主要经验及其启示[J]. 价格理论与实践, 2016(9): 101-103.

287. 左永彦. 考虑环境因素的中国规模生猪养殖生产率研究[D]. 西南大学, 2017.

288. Abdulai A. Using Threshold Cointegration to Estimate Asymmetric Price Transmission in the Swiss Pork Market[J]. Applied Economics, 2002, 34(6): 679-687.

289. Ajzen I. The Theory of Planned Behavior[J]. Organizational Behavior and Human Decision Processes, 1991, 50(2): 197-211.

290. Ajzen I. Attitudes, Personality and Behaviour [M]. New York: Open

University Press, 2005.

291. Alam S. S, Ahmad M., Ho Y. H., et al. Applying an Extended Theory of Planned Behavior to Sustainable Food Consumption [J]. Sustainability, 2020, 12(20): 8394.

292. Apergis N., Rezitis A. Agricultural Price Volatility Spillover Effects: The Case of Greece[J]. European Review of Agricultural Economics, 2003, 30 (3): 389-406.

293. Backus G. B. C., Eidman V. R., Dijkhuizen A. A. Farm Decision Making Under Risk and Uncertainty [J]. Netherlands Journal of Agricultural Science, 1997, 45(2): 307-328.

294. Barclay D., Higgins C., Thompson R. The Partial Least Squares (Pls) Approach to Casual Modeling: Personal Computer Adoption and Use As An Illustration[J]. Technology Studies, 1995, 2: 285-309.

295. Boger, Silke. Quality and Contractal Choice: A Transaction Cost Approach to the Polish Hog Market[J]. European Review of Agricultural Economics, 2001, 28(3): 241-261.

296. Caliskan A., Elebi D., Prnar I. Determinants of Organic Wine Consumption Behavior from the Perspective of the Theory of Planned Behavior[J]. International Journal of Wine Business Research, 2020, 11 (3): 45-79.

297. Chavas J. P., Holt M. T. On Nonlinear Dynamics: The Case of the Pork Cycle [J]. American Journal of Agricultural Economics, 1991, 73(3): 819 -828.

298. Cheng Fang. Jay Fabiosa. Does the U. S. Midwest Have a Cost Advantage Over China in Producing Corn, Soybeans, and Hogs? [C]. 2002(8)

299. Colino, Irwin. Outlook vs. Futures: Three Decades of Evidence in Hog and Cattle Markets [J]. American Journal of Agricultural Economics, 2010, 92, 1-5.

300. David F. Findley, Brian C. Monsell, William R. Bell, Mark C. Otto and Bor-Chung Chen. New Capabilities and Methods of the X-12-ARIMA Seasonal Adjustment Program [J]. Journal of Business and Economics Statistics, 1998, 16(2): 127-152.

301. Deimel M., Theuvsen L., Ebbeskotte C. Regional Networking as a Competitive Advantage? Empirical Results from German Pig Production [M]//Food Chains: Quality, Safety and Efficiency in a Challenging World. Routledge, 2014: 194-210.

302. Disney W. T., Duffy P. A., Hardy W. E.. A Markov Chain Analysis of Pork Farm Size Distributions in the South[J]. Journal of Agricultural and Applied Economics, 1988, 20(2): 57-64.

303. Dorfman J. H., Park M. D.. Looking for Cattle and Hog Cycles Through a Bayesian Window[R]. 2009.

304. Ernst Berg and Ray Huffaker. Economic Dynamics of the German Hog-Price Cycle[J]. International Journal on Food System Dynamics, 2015, 6(2): 64-80.

305. Fornell C., Larcker D. F. Structural Equation Models with Unobservable Variables and Measurement Error: Algebra and Statistics [J]. Journal of Marketing Research, 1981, 8(1): 382-388.

306. Gene A. Futrell, Allan G. Mueller, Glenn Grimes. Understanding Hog Production and Price Cycles[M]. Cooperative Extension Service, Purdue University, 1989.

307. Hayes D. J., Schmitz A. Hog Cycles and Countercyclical Production Response[J]. American Journal of Agricultural Economics, 1987, 69(4): 762-770.

308. Hobbs, J. E. Measuring the Importance of Transaction Costs in Cattle Marketing [J]. American Journal of Agricultural Economics, 1997, 79(4): 1083-1095.

309. Holt M. T., Craig L. A. Nonlinear Dynamics and Structural Change in the US Hog—Corn Cycle: A Time-Varying STAR Approach [J]. American Journal of Agricultural Economics, 2006, 88(1): 215-233.

310. Kahai S. S., Cooper R. B. Exploring the Core Concepts of Media Richness Theory: The Impact of Cue Multiplicity and Feedback Immediacy on Decision Quality [J]. Journal of Management Information Systems, 2003, 20(1): 263-299.

311. Kahneman D., Tversky A. Prospect Theory: An Analysis of Decision Under Risk[J]. Econometrica, 1979, 47(2): 263-291.

312. Key N., McBride W. Production Contracts and Productivityin the US Hog Sector [J]. American Journal of Agricultural Economics, 2003, 85(1): 121-133.

313. MacDonald J M. Trends in Agricultural Contracts[J]. Choices, 2015, 30(3): 1-6.

314. Miller D. J., Hayenga M. L. Price Cycles and Asymmetric Price Transmission in the US Pork Market[J]. American Journal of Agricultural Economics, 2001, 83(3): 551-562.

315. Phillip S. Parker and J. S. Shonkwiler. On the Centenary of the German Hog Cycle: New Findings [J]. European Review of Agricultural Economics, 2014, 41(1): 47-61.

316. Pourmoayed R., Relundnielsen L. Optimizing Pig Marketing Decisions Under Price Fluctuations[J]. Annals of Operations Research, 2020(3): 1-28.

317. Qiao Zhang, Ke Wang, Ran Huo. Study on Stabilizing Price of Hog Market in China[R]. 2013 Worlds Agricultural Outlook Conference, 2013.

318. Rhodes V. J. The Industrialization of Hog Production [J]. Review of Agricultural Economics, 1995: 107-118.

319. Ruth M., Cloutier L. M., Garcia P. A Nonlinear Model of Information and

Coordination in Hog Production: Testing the Coasian-Fowlerian Dynamic Hypotheses[R], 1998.

320. Sadiq M. A., Rajeswari B., Ansari L., et al. The role of Food Eating Values and Exploratory Behaviour Traits in Predicting Intention to Consume Organic Foods: A Extended Planned Behaviour Approach[J]. Journal of Retailing and Consumer Services, 2020, 11(1): 22-47.

321. Streips. The Problem of the Persistent Hog Price Cycle: A Chaotic Solution [J]. American Journal of Agricultural Economics, 1995, 77(5): 1397-1403.

322. Willems J., Van Grinsven H. J. M., Jacobsen B. H., et al. Why Danish Pig Farms Have far More Land and Pigs Than Dutch Farms? Implications for Feed Supply, Manure Recycling and Production Costs[J]. Agricultural Systems, 2016, 144: 122-132.

323. Xiao Hongbo, Wang Jimin, Oxley, Les. The Evolution of Hog Production and Potential Sourcesfor Future Growth in China[J]. Food Policy, 2012, 37(4): 366-377.

324. Yu Xiaohua. Monetary Easing Policy and Long-run Food Prices: Evidence from China[J]. Economic Modelling, 2014, 40 (6): 175-183.

325. Zhao Liange, Lin Jie, Zhu Jianming. Green Total Factor Productivity of Hog Breeding in China: Application of SE-SBM Model and Grey Relation Matrix[J]. Polish Journal of Environmental Studies, 2015, 24(1): 403-412.

附　录

基于价格波动的生猪生产情况调查

尊敬的生猪养殖户：为了解价格波动背景下生猪养殖过程中规模调整、饲料仔猪采购行为、生猪养殖和销售行为等，促进生猪生产和价格稳定，破解养殖户的市场风险难题，开展生猪生产情况调查。本调查团队承诺：调研过程中所获得的数据和信息仅用于学术研究，不用于任何商业用途。谢谢您的合作！

调查地点：_____ 市县 _____ 乡(镇) _____ 村，调查时间：___ 月 ___ 日

一、受访者基本信息(在相应选项上打"√"或填写相应信息)

1. 您的年龄：_____ 岁；家庭务农人口数：_____ 人；您的受教育年限：_____ 年；现在存栏量 _____ 头；您的养猪场占地面积 _____ 亩；猪舍总投资 _____ 元；您从事生猪养殖时间：_____ 年。

2. 您的性别：a. 男　b. 女

3. 您的文化程度：

　a. 小学及以下　　　　 b. 初中　　　　　 c. 高中(中专、技校)

　d. 大专　　　　　　　 e. 本科以上

4. 养猪收入占您总收入的比例：

　　a. 30%以下　　　　　　　b. 30%～49%　　　　c. 50%～80%

　　d. 80%以上

5. 您每年参加生猪养殖技术培训吗?

　　a. 是　　　　　　　　　b. 否

6. 您的经济状况:

　　a. 很差　　　　　　　　b. 较差　　　　　c. 一般

　　d. 比较好　　　　　　　e. 很好

7. 若有以下三项投资项目,您倾向于选择哪一种:

　　项目 a:风险小,收益或亏损小;

　　项目 b:风险中等,收益或亏损中等;

　　项目 c:风险大,收益或亏损大;

8. 您是否参加生猪养殖方面的保险:

　　a. 参加　　　　　　　　b. 没参加

9. 以前年度的盈亏状况对现在养殖量是否有影响:

　　a. 是　　　　　　　　　b. 否

10. 生猪预期价格对养殖决策的影响:

　　a. 完全不影响　　　　　b. 不影响　　　　c. 一般

　　d. 影响　　　　　　　　e. 很影响

11. 获取养殖技术服务的难易程度:

　　a. 很不容易　　　　　　b. 不容易　　　　c. 一般

　　d. 比较容易　　　　　　e. 非常容易

12. 上批猪的盈亏对您养猪风险态度的影响:

　　a. 完全不影响　　　　　b. 不影响　　　　c. 一般

　　d. 影响　　　　　　　　e. 很影响

13. 上批猪即使亏损,我还是愿意养猪:

　　a. 完全不同意　　　　　b. 不同意　　　　c. 基本同意

　　d. 同意　　　　　　　　e. 完全同意

二、养殖户的生产行为(在相应选项上打"✓"或填写相应信息)

(一)生猪养殖基本情况

1. 猪场养殖组织模式：

    a. 散户(个体)养殖   b. 公司+养殖户   c. 合作社养殖

    d. 公司+基地+养殖户   e. 屠宰企业+养殖户 f. 其他

2. 我应对生猪疫病风险的能力：

    a. 很小   b. 较小   c. 一般

    d. 大   e. 很大

3. 养猪主要风险是：[最多选3项]

    a. 价格波动大   b. 养殖成本提高   c. 疫病防治难

    d. 政策不稳定   e. 饲料及添加剂质量不可靠

    f. 其他

4. 您的养殖资金来源：[可多选]

    a. 自有资金   b. 民间借贷   c. 农村信用社借贷

    d. 向亲戚朋友借   e. 国家补贴资金   f. 其他

5. 确定养殖规模的依据：[可多选]

    a. 猪场大小   b. 按订购量   c. 凭经验

    d. 自己预期生猪价格   e. 当前生猪价格

    f. 专家对行情的预测   g. 看同行   h. 其他

6. 亏本后通过继续养殖是否能弥补亏损：

    a. 能   b. 不能

7. 即使价格波动，养猪总体还是赚钱的：

    a. 完全不同意   b. 不同意   c. 基本同意

    d. 同意   e. 完全同意

8. 养猪比外出务工赚钱：

    a. 完全不同意   b. 不同意   c. 基本同意

    d. 同意   e. 完全同意

9. 生猪价格波动频繁，我仍愿意养猪：

    a. 完全不同意   b. 不同意   c. 一般

    d. 同意   e. 完全同意

10. 价格波动频繁，停止养猪是正确决策：

    a. 完全不同意   b. 不同意   c. 基本同意

    d. 同意   e. 完全同意

11. 价格低谷期，减少养殖量是正确决策：

    a. 完全不同意   b. 不同意   c. 基本同意

    d. 同意   e. 完全同意

12. 价格上涨期，扩大养殖量是正确决策：

    a. 完全不同意   b. 不同意   c. 基本同意

    d. 同意   e. 完全同意

13. 同行预期生猪涨价，我会养猪：

    a. 完全不同意   b. 不同意   c. 基本同意

    d. 同意   e. 完全同意

14. 家庭成员赞成，我会养猪：

    a. 完全不同意   b. 不同意   c. 基本同意

    d. 同意   e. 完全同意

15. 亲朋邻居养猪，我决定养猪：

    a. 完全不同意   b. 不同意   c. 基本同意

    d. 同意   e. 完全同意

16. 价格低谷期，政府相关部门支持，我会养猪：

    a. 完全不同意   b. 不同意   c. 基本同意

    d. 同意   e. 完全同意

17. 加入养猪合作社可以降低价格风险：

    a. 完全不同意   b. 不同意   c. 基本同意

    d. 同意   e. 完全同意

18. 养殖生猪价格风险很大：

　　a. 完全不同意　　　　b. 不同意　　　　c. 基本同意

　　d. 同意　　　　　　　e. 完全同意

19. 您有应对生猪价格风险的能力：

　　a. 完全不同意　　　　b. 不同意　　　　c. 基本同意

　　d. 同意　　　　　　　e. 完全同意

20. 上批的盈亏对本批养殖(销售)决策有影响：

　　a. 完全不同意　　　　b. 不同意　　　　c. 基本同意

　　d. 同意　　　　　　　e. 完全同意

21. 对养猪政策熟悉，我会养猪：

　　a. 完全不同意　　　　b. 不同意　　　　c. 基本同意

　　d. 同意　　　　　　　e. 完全同意

22. 自养猪以来，是否经历过亏损：

　　a. 是　　　　　　　　b. 否

23. 是否容易获得生猪价格信息：

　　a. 是　　　　　　　　b. 否

24. 您决定养这批猪时是否考虑出栏价：

　　a. 是　　　　　　　　b. 否

25. 您认为加入养猪合作组织：

　　a. 完全没必要　　　　b. 没必要　　　　c. 有点必要

　　d. 有必要　　　　　　e. 很有必要

(二)饲料仔猪采购行为

1. 您的仔猪来源：[可多选]

　　a. 自繁自养　　　　　b. 仔猪交易市场　　c. 仔猪贩子

　　d. 其他仔猪繁育场　　e. 其他

2. 您获取仔猪价格信息的途径：[可多选]

　　a. 仔猪交易市场　　　b. 行业网站　　　c. 展会

　　d. 仔猪贩子　　　　　e. 同行　　　　　f. 电视、广播

　　g. 报纸/杂志　　　　 h. 其他

3. 您购买仔猪的价格是：

    a. 市场价   b. 协商定价   c. 仔猪繁育场定价

    d. 仔猪贩子定价

4. 您认为能繁母猪补贴、保险政策对仔猪产量的影响：

    a. 提高   b. 降低   c. 稳定

    d. 加剧波动   e. 没作用

5. 饲料采购渠道是：[可多选]

    a. 直接向饲料厂购买   b. 向经销/代理商购买

    c. 有自己的饲料厂   d. 网上采购   e. 其他

6. 您了解的饲料供应商有_____家，发生业务联系的有_____家。购买饲料时能否赊账：

    a. 能   b. 不能

7. 您购买饲料的运输方式：

    a. 送货上门   b. 自己运输   c. 第三方运输

8. 饲料运输费用由谁支付：

    a. 卖方   b. 自己   c. 双方分担

9. 在选择饲料供应商时，您考虑的主要因素：[可多选]

    a. 与供应商熟悉   b. 距离近   c. 信誉好

    d. 价格低   e. 质量好   f. 可以赊欠

    g. 对方送货上门   h. 其他

10. 购买饲料的交易方式：

    a. 市场交易   b. 口头协议   c. 书面合同

    d. 合作社   e. 自有饲料加工厂   f. 其他

11. 您购买饲料的价格是：

    a. 市场价   b. 协商定价   c. 经销/代理商定价

12. 购买饲料时您的议价权：

    a. 非常小   b. 比较小   c. 一般

    d. 比较大   e. 很大

13. 您获取饲料的价格信息的难易程度：

    a. 很不容易   b. 不容易   c. 一般

    d. 比较容易   e. 非常容易

(三)生猪养殖行为

1. 当饲料、仔猪、人工费等成本上升时，您是否考虑放弃养殖而从事其他非农活动(如：外出打工、从事农产品经销等)：

    a. 是   b. 否

2. (上题中选"否"时回答此题)在养猪成本上升、务工收入相对增加的情况下您为什么仍选择养猪：

    a. 虽然成本在上升，但养猪仍有赚头

    b. 年龄偏大，不适合出去务工

    c. 习惯于养猪

    d. 外出务工没有相关技能

    e. 其他原因

3. 当生猪价格下跌时，您是否减少养殖量：

    a. 是   b. 否

4. (上题中选"否"时回答此题)您认为生猪价格下跌不减少养殖量的原因是：[可多选]

    a. 行情不好说，价格有可能上涨

    b. 猪舍投资大，减少养殖量不合算

    c. 本地以养猪为主，养猪是一种习惯

    d. 没有更好的收入来源   e. 其他原因

5. 当生猪价格上涨时，您是否考虑扩大养殖量：

    a. 是   b. 否

6. (上题中选"否"时回答此题)您认为生猪价格上涨时不扩大养殖量的原因是：

    a. 扩建猪舍土地所限   b. 猪舍养殖量所限   c. 资金限制

    d. 行情难以预测   e. 其他原因

7. 当前生猪价格低，您的应对措施：

    a. 使用便宜饲料　　　　　b. 减小养殖规模　　　c. 停止养殖

    d. 扩大养殖规模　　　　　e. 按原计划养殖　　　f. 其他

8. 您对病死猪无害化处理补贴政策满意度：

    a. 很不满意　　　　　　　b. 不满意　　　　　　c. 基本满意

    d. 满意　　　　　　　　　e. 非常满意

9. 您对免费疫苗政策满意度：

    a. 很不满意　　　　　　　b. 不满意　　　　　　c. 基本满意

    d. 满意　　　　　　　　　e. 非常满意

(四)生猪销售行为

1. 您获取生猪价格信息的途径：[可多选]

    a. 生猪批发市场　　　　　b. 行业网站　　　　　c. 同行

    d. 猪经纪人　　　　　　　e. 猪贩子　　　　　　f. 展会

    g. 电视、广播　　　　　　h. 报纸、杂志　　　　i. 其他

2. 生猪销售款是否被拖欠过：

    a. 是　　　　　　　　　　b. 否

3. 每次生猪出栏时，您了解生猪的收购价格吗？

    a. 非常不了解　　　　　　b. 不了解　　　　　　c. 一般了解

    d. 比较了解　　　　　　　e. 非常了解

4. 您了解其他生猪产区生猪收购价格吗？

    a. 非常不了解　　　　　　b. 不了解　　　　　　c. 一般了解

    d. 比较了解　　　　　　　e. 非常了解

5. 您获取生猪价格信息难吗？

    a. 很不容易　　　　　　　b. 不容易　　　　　　c. 一般

    d. 比较容易　　　　　　　e. 非常容易

6. 生猪出栏时卖给：[可多选]

    a. 猪贩子　　　　　　　　b. 猪经纪人+猪贩子

    c. 代宰后自己卖肉　　　　d. 猪肉加工企业　　　e. 屠宰场

f. 自建销售渠道　　　　g. 通过电商网站　　　h. 其他

7. 生猪销售时，您常采用：

　　a. 市场交易　　　　　　b. 口头协议　　　　　c. 书面合同

　　d. 合作社　　　　　　　e. 其他

8. 出售生猪时您的议价权：

　　a. 很小　　　　　　　　b. 比较小　　　　　　c. 一般

　　d. 比较大　　　　　　　e. 非常大

9. 您经常联系的生猪收购商估计有多少个：

　　a. 小于 3 个　　　　　　b. 3~5 个　　　　　　c. 6~10 个

　　d. 10 个以上

10. 当生猪价格下跌时，您如何安排出栏：

　　a. 提前出栏　　　　　　b. 正常出栏　　　　　c. 推迟出栏

11. 当生猪价格上涨时，您如何安排出栏：

　　a. 提前出栏　　　　　　b. 正常出栏　　　　　c. 推迟出栏

12. 您目前最需要得到的养猪支持是：［最多选 3 项］

　　a. 低息贷款　　　　　　b. 技术培训　　　　　c. 市场价格稳定

　　d. 生猪保险　　　　　　e. 良种仔猪

　　f. 疫病防治　　　　　　g. 其他